U0073263

手作神人的
謎樣生物原型特輯

Foreword
前言

大家好大家好，我是MEETISSAI（小眼睛）。

當初用這個惡搞的名字開始發表作品，沒想到竟然有集結成書的一天，這是我當初作夢也想不到的。實在非常感謝各位的支持。

我會開始做動物模型，起因是兩年前在網路上看到很多貓咪的趣味照片，讓我有了把這些貓咪實體化的念頭。

一開始的作品只是捏捏黏土、用筆畫出紋路的程度而已，之後我開始嘗試製作出毛皮的質感、加入各種小巧思，逐步拓展出眾多不同的玩法，慢慢變成現在的樣子（我到底都做了些什麼……）。

我很喜歡收到網友幽默的留言和來自國外的反響，所以發表作品的平台一直以社群媒體為主，這次很榮幸有這個機會用書籍的形式展現在人們面前，因此我特別替本書讀者製作了一些獨家的動物模型，只有在本書才看得到。

書中作品的製作與拍攝動輒花上數個月的時間，經歷了嘔心瀝血的努力才得以完成，懇請各位用力地欣賞。要是用力到把本書戳了個洞，就再買一本吧。

めちっさい

倉鼠

2020年　鐵絲、鋁箔紙、日本大創販售的高延展性黏土（もちっとのび～るねんど）、AB補土

聽說倉鼠常會從籠子裡跑出來……
所以我做了這一系列倉鼠，
牠們趁家裡沒人的時候跑到廚房惡作劇。

無法無天的倉鼠們。
我在拍攝的過程中，
不斷思索與嘗試各種點心和
餐具的擺放方式，十分開心。

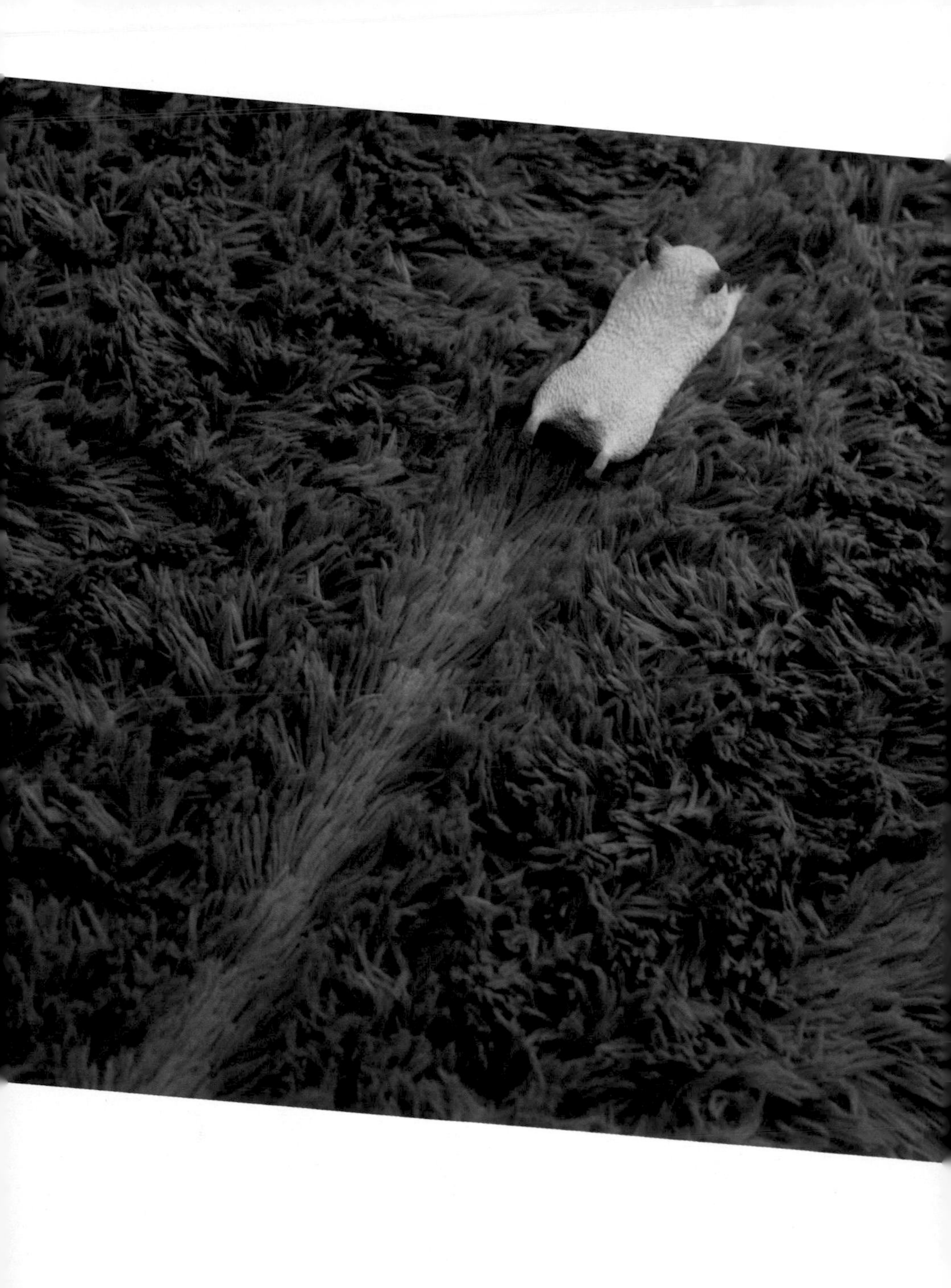

貓耳海豹

2020年　鋁箔紙、日本大創販售的高延展性黏土、AB補土

貓咪有時看起來很像海豹，
海豹有時看起來很像貓咪。
我一直覺得貓咪和海豹長得真像，所以有天興致一來，
乾脆替海豹加上一對貓耳。
看起來也有點像狗狗耶⋯⋯（笑）

為了增添辨識度，
我又加入
其他貓咪的元素，
另外做了一隻虎斑貓的
版本！

Eight
這是我家的貓，
牠每到夏天坐姿都會變得很畸形。
第一次拿牠當模特兒，也可愛得太過頭了吧！

2020年　鐵絲、日本大創販售的高延展性黏土、AB補土

幼貓常會雙腳站立

幼貓常會
雙腳站立

2020年 日本大創販售的高延展性黏土、AB補土

羊人

2020年　鐵絲、日本大創販售的高延展性黏土、AB補土

嘗試做了傳聞中的那隻羊。
雖然做得不太像，
但是大家應該能感受到，
我想做做看的那股熱情。

淡路ファームパーク・イングランドの丘（@englandhill_zoo）

inspire

2020年 鐵絲、日本大創販售的高延展性黏土、AB補土

スミとしろう（@SirouTouge）

inspira

這隻貓是從
外星球來的（大概吧）。
擁有彎曲扭動的觸手。

2020年 鐵絲、日本大創販售的高延展性黏土、AB補土

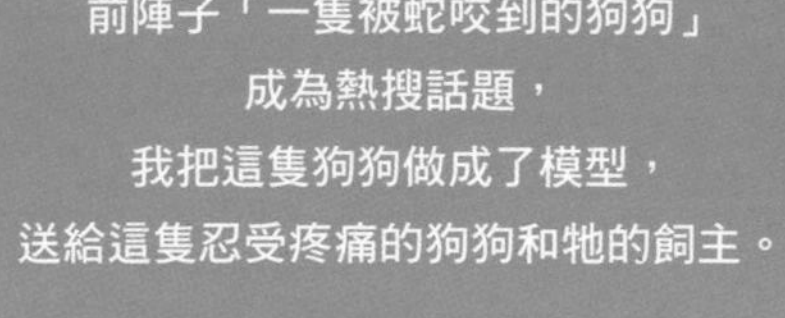

よしけン（@yoshikesochan）

inspire

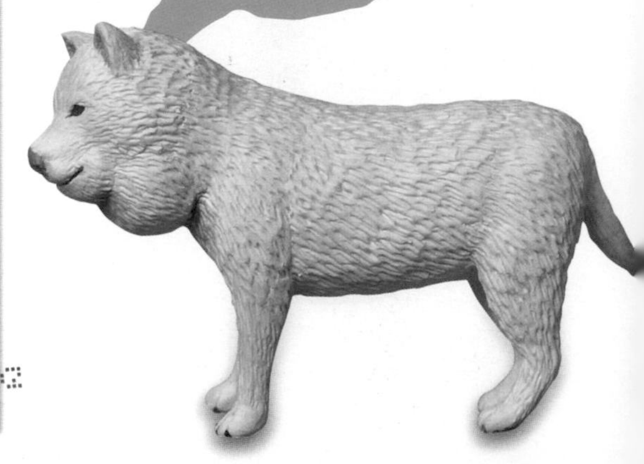

電視貓

2020年　壓克力板、LED燈、AB補土

あだつ（@adacchaimaxx）

inspire

我參考這張照片製作出
四角形的貓，
但感覺少了點什麼，
所以我又加工成貓型電視。
會發光喔。

2020年　鐵絲、日本大創販售的高延展性黏土、AB補土

inspira

サトウヒロキ（@hirograph30）

貓咪海豹

2020年　日本大創販售的高延展性黏土、AB補土

試著做了這隻貓咪海豹。

inspire

ヨシダ（@1pppqqq8）

似貓非貓的外星生物

2020年　鐵絲、日本大創販售的高延展性黏土、AB補土

似貓非貓的外星生物，
是參考這張超美的照片
製作而成。

inspira

いこねこ（@wandatoneko）

喵爾托洛斯

2020年 鐵絲、日本大創販售的高延展性黏土、AB補土

我參考

製

似貓非貓的外星生物，
是參考這張超美的照片
製作而成。

inspira

いこねこ（@wandatoneko）

喵爾托洛斯

2020年 鐵絲、日本大創販售的高延展性黏土、AB補土

tentomushi7

inspire

我參考網友給我的這張照片，
製作出了喵爾托洛斯。
＼喵／　＼喵／

inspira

ヨシダ（@1pppqqq8）

似貓非貓的外星生物

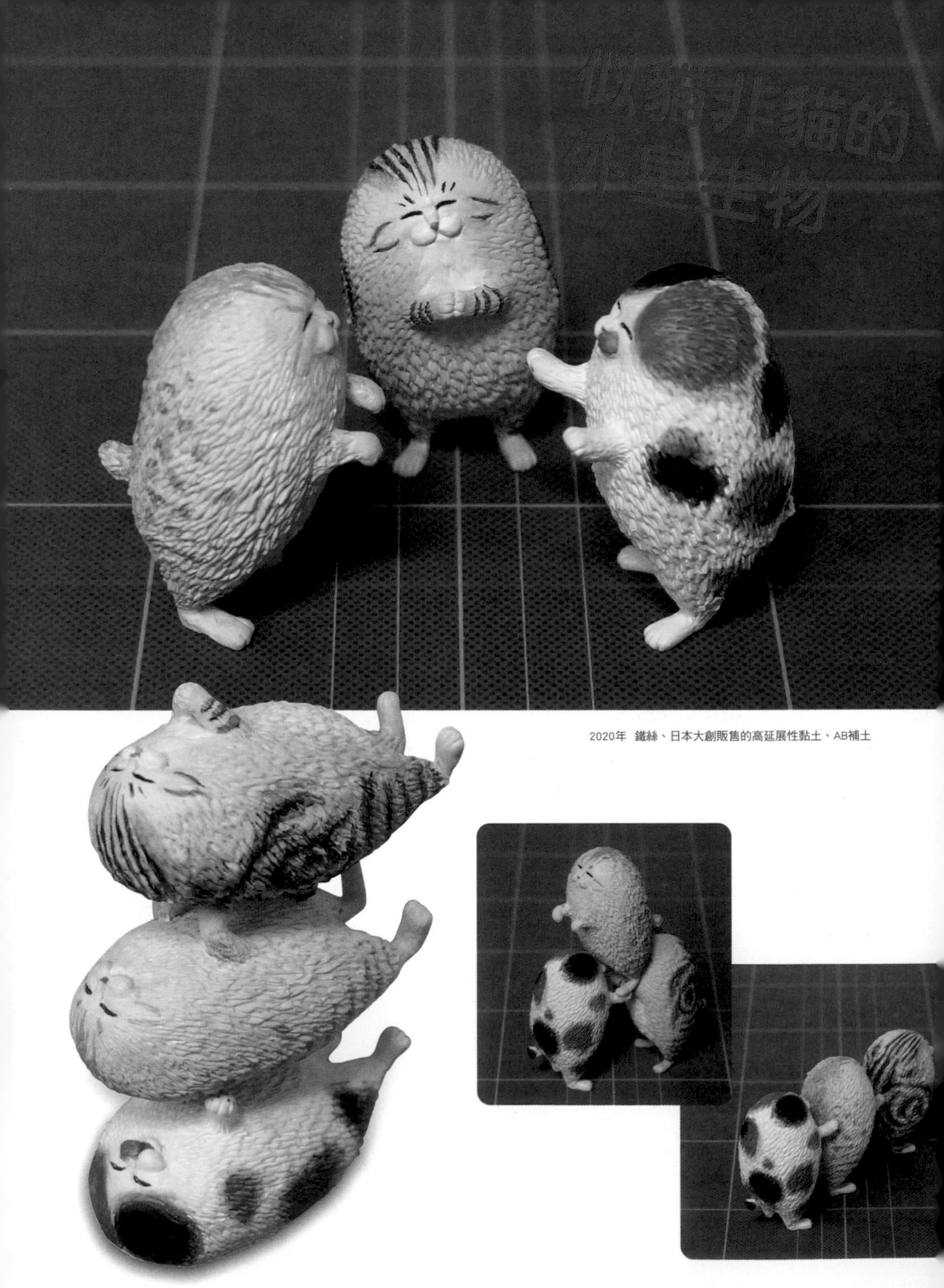

2020年　鐵絲、日本大創販售的高延展性黏土、AB補土

貓球

整隻貓咪把垃圾桶塞得滿滿的，
這個時候如果抓住尾巴把牠拉出來，
會是什麼樣子？針對這個問題，
我從立體的觀點認真探討後，
得出這個結論：
貓咪果真是一種變幻自如的生物。

2020年 鐵絲、日本大創販售的高延展性黏土、AB補土、魔法奇異筆的筆蓋

inspire

なご（@norn292_9）

使盡渾身解數打出昇龍拳的貓咪

2020年　鐵絲、日本大創販售的高延展性黏土、AB補土

カナブン（@kana_bun216）

inspira

2020年 日本大創販售的高延展性黏土、AB補土、零食的空盒

貓咪冰淇淋真是太可愛了。

キュルZ（@kyuryuZ）

inspira

炸蝦貓

2020年　鋁箔紙、AB補土

剛裹上麵包粉的炸蝦貓。

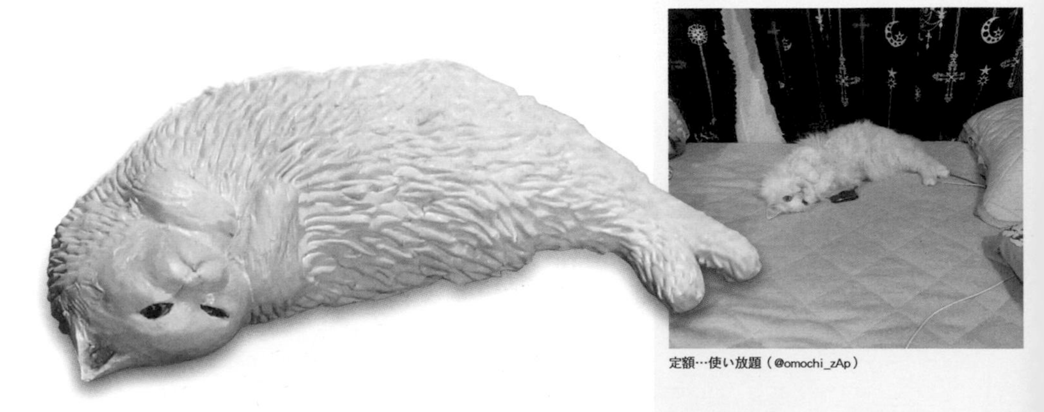

定額…使い放題（@omochi_zAp）

inspira

雙頭鵝

2020年　鐵絲、日本大創販售的高延展性黏土、AB補土

這是一隻雙頭鵝。

認真鍛練腹肌的貓咪

2020年　鐵絲、日本大創販售的高延展性黏土、AB補土

inspire

イオリマイカ
（https://www.photo-ac.com/profile/2093476）

看了網友給的這張妖貓照片後，
我決定努力把牠做成模型……
臉部等諸多部分都做失敗了，
不小心做成薑的樣子……
真的很對不起。

2020年 鋁箔紙、AB補土

สตางค์อ็อบซอ（@SamZemSame）

站姿超帥氣的貓咪

誰說貓咪就要弓著身體？
這是一隻站姿超帥氣的貓咪。

2020年 鐵絲、日本大創販售的高延展性黏土、AB補土

inspire

㍍㍍ あ ㍍㍍ （@akiipoyo）

白象黑牛圖屏風裡的狗狗

我做了那幅超有名的
白象黑牛圖屏風裡的狗狗。
沒辦法充分重現出畫中可愛的味道……
真不甘心……

2020年　日本大創販售的高延展性黏土、AB補土

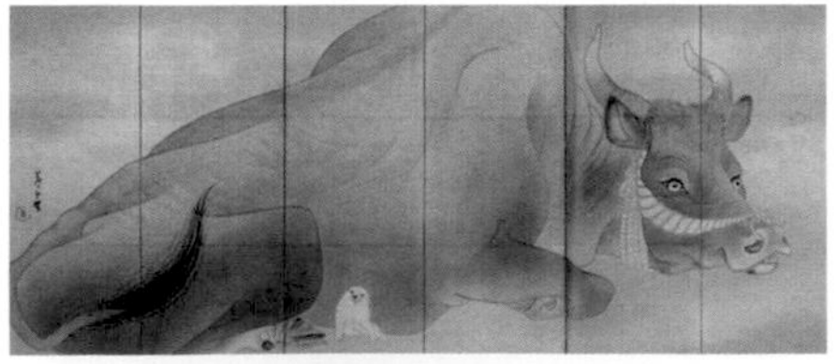

inspira

長澤蘆雪《白象黑牛圖屏風》（取自《支援日本311大地震重建 若沖大駕光臨Price收藏品 江戶繪畫的美麗與生命 展覽目錄》）

彷彿能ㄉㄨㄞㄉㄨㄞ跳動的貓咪

2019年　鋁箔紙、日本大創販售的高延展性黏土、AB補土

這隻貓咪彷彿能像
彈簧一樣上下跳動。
我特別做成這樣的大小，
讓人忍不住想把牠放在肩膀上
帶出去一起散步。

inspira

舟本捷

被捕捉到最醜瞬間的貓咪

直擊貓咪醜到不行的那個瞬間。
雖然我平時不太喝酒，
但我想這個模型特別適合晚上放在旁邊，
陪我一起喝一杯。

2019年　鐵絲、日本大創販售的高延展性黏土、AB補土

なおと｜子育て主夫（@dynamic_ninjya）

英雄貓

2019年　鐵絲、日本大創販售的高延展性黏土、AB補土

inspira

ゆあ（@yunc24291）

液體動物

2019年 Mr.Clay（輕量石粉黏土）、AB補土

天氣實在太冷了，
液體動物們紛紛坐在暖爐前取暖。

有三隻前腳的博美狗

我把都市傳說
「有三隻前腳的博美狗」做成模型。
如果你跟牠說「握手」，
牠會伸出中間那隻腳。

2019年 鐵絲、日本大創販售的高延展性黏土、AB補土

ずこ（@na7fw）

融化的貓熊

2019年 Mr.Clay（輕量石粉黏土）、AB補土

一隻逐漸融化的貓熊。

馬場早苗

inspira

渾身肌肉卻小心翼翼舉著手的貓咪

這隻貓咪看起來孔武有力，舉起手來卻畏首畏尾的。

2019年　鐵絲、鋁箔紙、Mr.Clay（輕量石粉黏土）、AB補土

サトウヒロキ（@hirograph30）

2019年 Mr.Clay（輕量石粉黏土）、AB補土
首次發表於《SCULPTORS 03 原創造型&原型製作作品集》（楓書坊出版）

表現出貓咪
睡得安穩香甜時，
彷彿融化般的模樣。

融化的貓咪

倒立貓

這是一隻倒立的貓咪。
製作的時候很難抓到那個平衡點。

2019年　鐵絲、日本大創販售的高延展性黏土、AB補土、鉛球

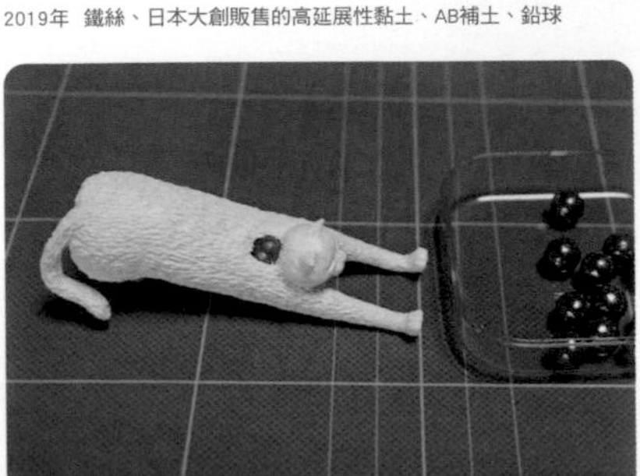

2019年　鐵絲、日本大創販售的高延展性黏土、AB補土

ほちポッポー（@HOCHIPONG）

貓咪怪獸：喵吉拉

2019年　日本大創販售的高延展性黏土、AB補土

這是追蹤我的推特網友，他們家的貓咪怪獸：喵吉拉。牠的叫聲能響徹整個社區。

ちゃー（@Rin_to_SuzuNe）

inspira

可愛的落語家

可愛的落語家是我
參考照片裡的貓咪製作的。
背後有條拉鍊，
但沒有人看過裡面長什麼樣子。

2019年 日本大創販售的高延展性黏土、AB補土

inspire

みっしぇるさん（@rAxatP0GjeYdu2p）

水鳥一家人

2019年 日本大創販售的高延展性黏土、AB補土

我一直很嚮往讓黃色小鴨在
浴缸水面漂浮，
那種優雅的泡澡方式，
於是製作了水鳥一家人。

紙鎮

我參考了網友給我的照片，
製作出這款可以供人撫摸、
具裝飾用途的紙鎮。
在屁股部分加了砝碼。

2019年 鐵絲、Mr.Clay（輕量石粉黏土）、AB補土

メイ（@me_garwsh）

貓咪騎士

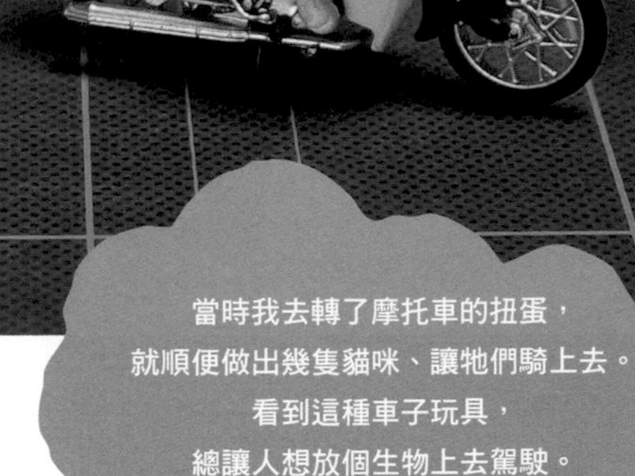

當時我去轉了摩托車的扭蛋，
就順便做出幾隻貓咪、讓牠們騎上去。
看到這種車子玩具，
總讓人想放個生物上去駕駛。

2019年 鐵絲、日本大創販售的高延展性黏土、AB補土、
1/32 Super Cub COLLECTION 多色款Ver.2（AOSHIMA）

肉塊妖 Nuppeppo

2019年　鐵絲、日本大創販售的高延展性黏土、AB補土

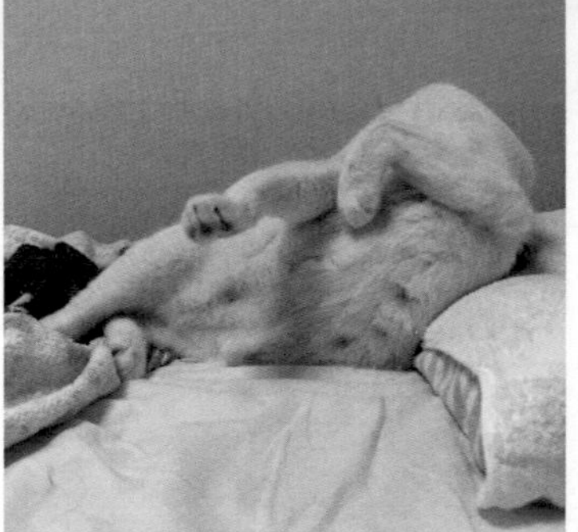

びより（@nekobiyori_jp）

inspira

「等一下再拍啦！
我還沒化妝……」
我做了這樣一隻妖怪Nuppeppo。

前黑社會老大

雖然已經退居幕後，
卻依然藏不住強者的氣勢。

2019年 鐵絲、Mr.Clay（輕量石粉黏土）、AB補土

inspire

from to（@renrennchi）

2019年　鐵絲、日本大創販售的高延展性黏土、AB補土

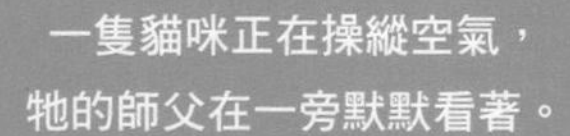

山本正義（@nekoiroiro）

inspira

總算學會操縱空氣了。

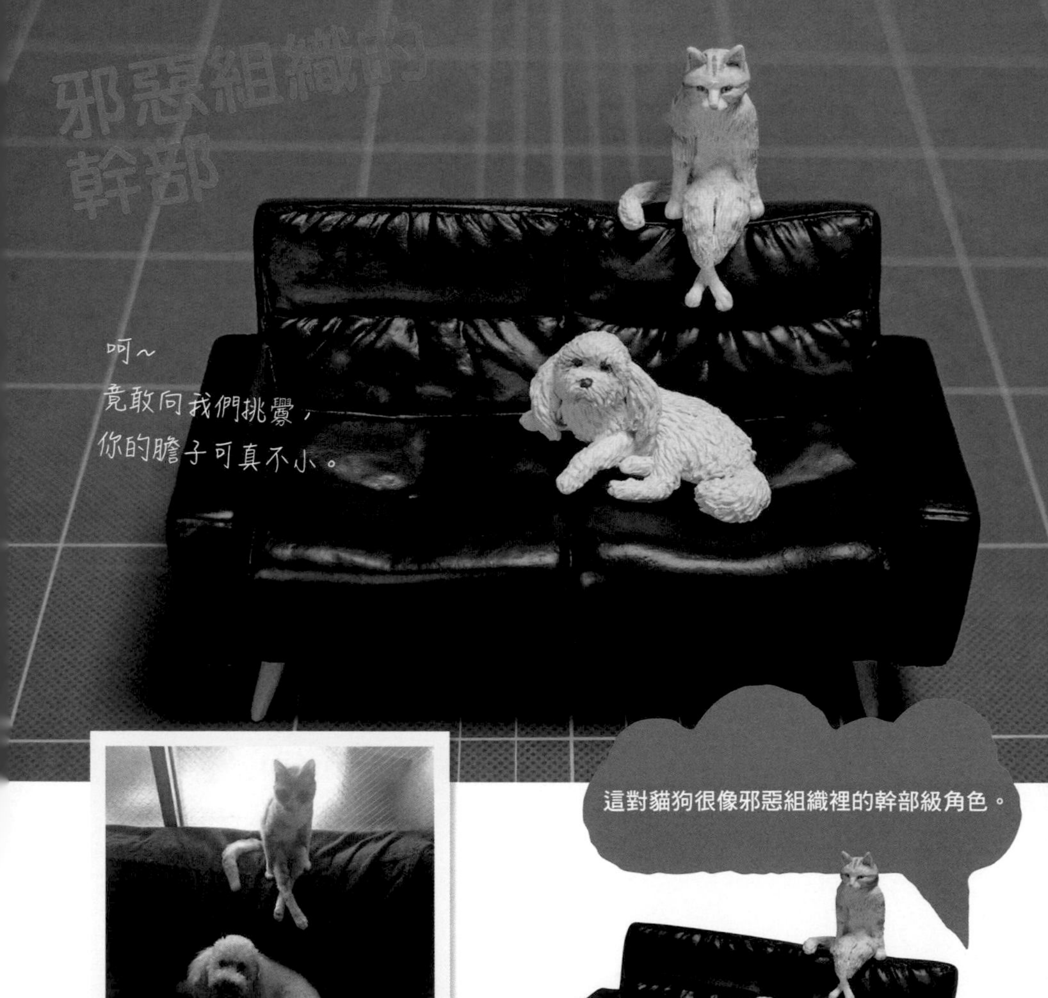

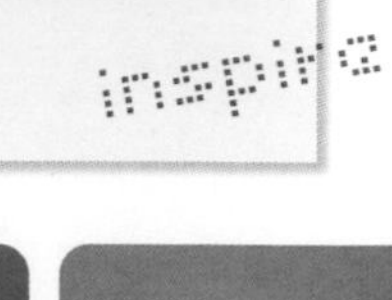

まえはら（@12smile052525）

inspira

這對貓狗很像邪惡組織裡的幹部級角色。

2019年 鐵絲、Mr.Clay（輕量石粉黏土）、AB補土、盛放魚板的木板

充滿自豪的左投直球

砰！貓咪前輩最自豪的左直球爆發瞬間。
原本是要做成坐姿的，
完成後才發現做成了非常奇怪的姿勢。
對了，貓咪是種什麼東西啊？

2019年　鐵絲、Mr.Clay（輕量石粉黏土）、AB補土

inspire

くまーぬ（@VkMv0）

2019年　鐵絲、日本大創販售的高延展性黏土、AB補土

ヘビイチゴ（@heavynaichigo）

inspira

嗯！？
這個人一坐下來就變成貓咪。
這是……貓吧？

抱著自己的松鼠

松鼠緊緊抱住自己的尾巴，這個模型和秋天簡直絕配。我喜歡秋天，有種蕭瑟的氛圍。

2019年 鐵絲、日本大創販售的高延展性黏土、AB補土

不會讓人眼紅的現充

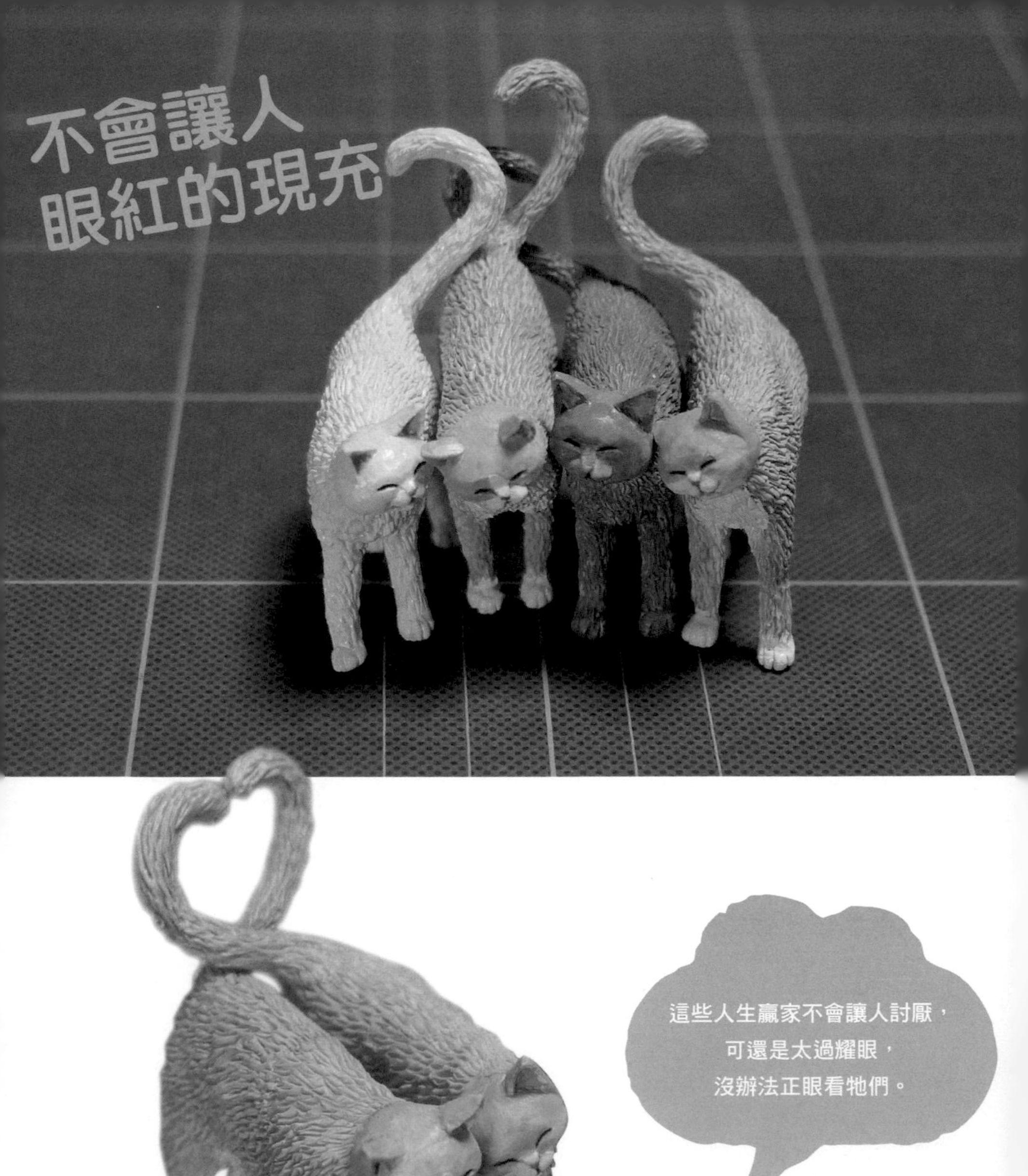

這些人生贏家不會讓人討厭，
可還是太過耀眼，
沒辦法正眼看牠們。

2019年 鐵絲、Mr.Clay（輕量石粉黏土）、AB補土

2019年 鋁箔紙、Mr.Clay（輕量石粉黏土）、AB補土

なみお（@wavemomchan）

inspire

咦，怎麼打不破？
搞什麼，原來是雞蛋貓啊！

這款雞蛋貓是我
參考網友給的圖片
製作而成。
你家也有雞蛋貓嗎？

它確實存在，你卻看不見它。

它確實存在，你卻看不見它。
看到推特那些用私人帳號跟我留言的網友，
我便做了這款模型。
別這樣啦，我會很在意的（笑）。
靈感來自電影《鬼魅浮生》。

2019年　Mr.Clay（輕量石粉黏土）

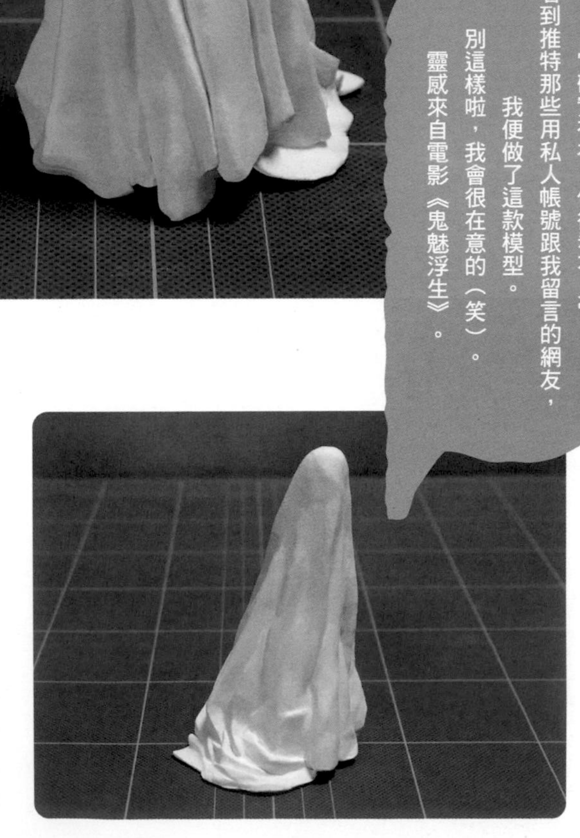

鬼魅浮生 A Ghost Story
DVD定價：450元 發行公司：傳訊時代多媒體
發行日期：2018/05/24
©2017 Scared Sheetless, LLC. All Rights Reserved.

inspira

2019年 日本大創販售的高延展性黏土、AB補土

忙了一天總算回到家，
累得整個人癱下來的OL。

inspire

ゆぅ（@Samu_xxx）

2019年　鐵絲、Mr.Clay（輕量石粉黏土）、AB補土

全身心都是貓咪

火鶴是參考網友給我的照片製作的。
感覺牠跑得很快。

2019年 鐵絲、日本大創販售的高延展性黏土、AB補土

樺燐（@Victor122527）

2019年　Mr.Clay（輕量石粉黏土）、AB補土

VIP方案
「嗚嗚嗚嗚嗚嗚嗚嗚嗚嗚嗚嗚！」
在這家貓咪按摩店裡，
今天又是忙碌的一天。
這就是我的創作概念。

明天是星期一！
加油！（自暴自棄）
好！（翻白眼）

白貓和黑貓
只要收起耳朵，
看起來就像耳朵
完全消失一樣。

2019年　鐵絲、Mr.Clay（輕量石粉黏土）、AB補土

inspira

ハク様（@hakusama0906）
anicas（@anicas_jp）

拿彼此當枕頭的睡貓們

2019年 Mr.Clay（輕量石粉黏土）、AB補土

拿彼此當枕頭的睡貓們。
可以每個月變換不同的擺放方式，
百看不膩。

我還做了一個魚枕頭。
「說到貓就想到魚」
似乎只存在日本人的思維中。

2019年 Mr.Clay（輕量石粉黏土）、AB補土

敗給炎熱天氣的貓咪

敗給炎熱天氣的貓咪。
牠們熱烈盼望夏天快點結束。

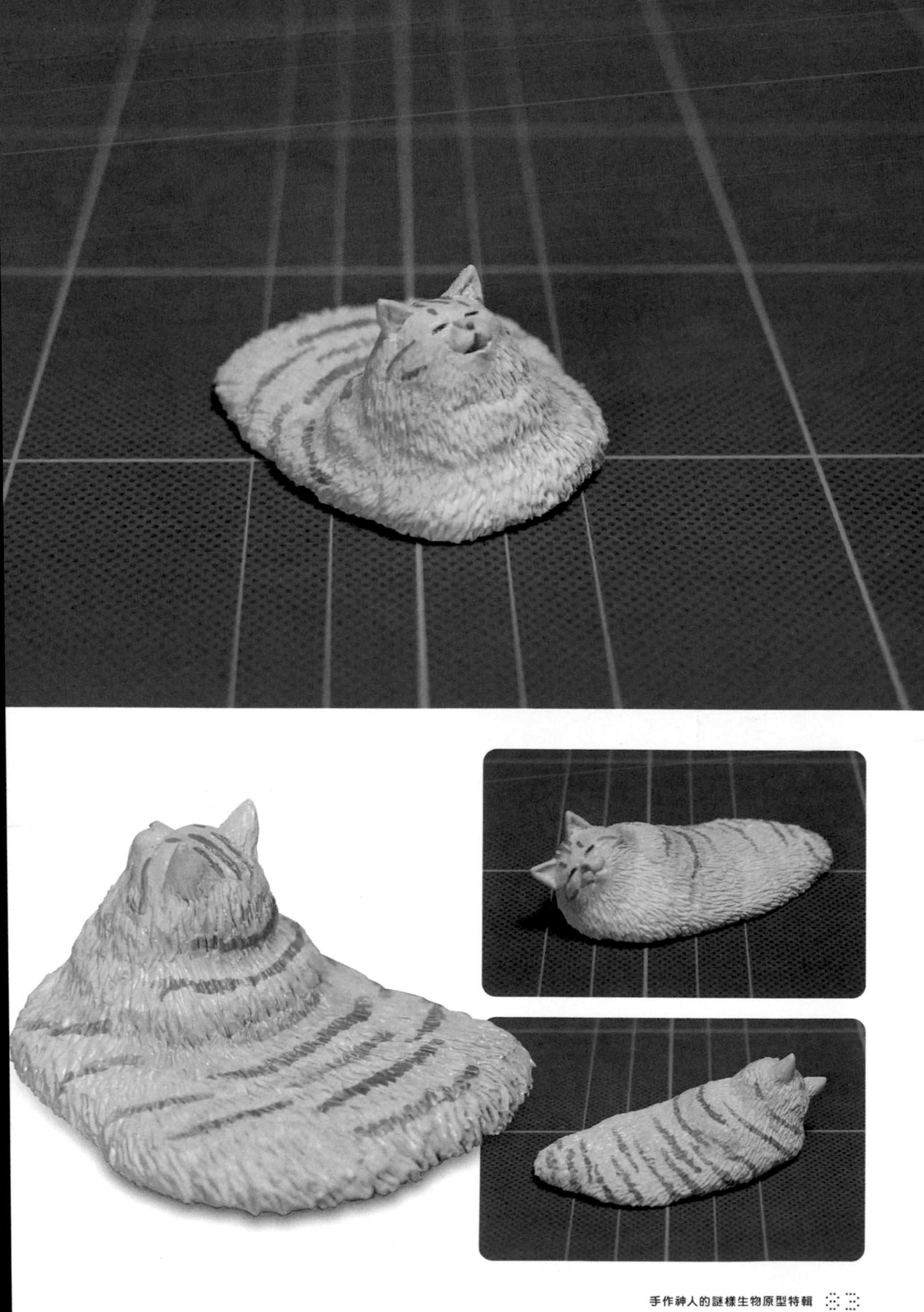

貓咪小幫手

2019年　鐵絲、Mr.Clay（輕量石粉黏土）、AB補土

貓咪小幫手是參考
追蹤我推特的網友
所貼的照片。

inspire

coro Q（@coroQ3）

一個人待著比較自在。

窩在教室陰暗角落的傢伙

我參考照片中的環尾獴，做了這款「適合待在教室陰暗角落的同學」。

2019年 鐵絲、Mr.Clay（輕量石粉黏土）、AB補土

inspira

2019年 鐵絲、Mr.Clay（輕量石粉黏土）、AB補土

我大約有一星期左右的時間，整天盯著這張臉看，連睡覺都會做惡夢，夢到牠陰魂不散地纏著我，做到我快瘋掉，最後這個成品就是我的極限了……真的很難做。

inspire

polite_cat_olli_official

inspira

肌肉狐狸和勢均力敵的貓咪

是不是能來場《復仇者聯盟：動物之戰》？

2019年 鐵絲、鋁箔紙、Mr.Clay（輕量石粉黏土）、AB補土

鬼鬼祟祟
研究人類生活方式的
狸貓調查團

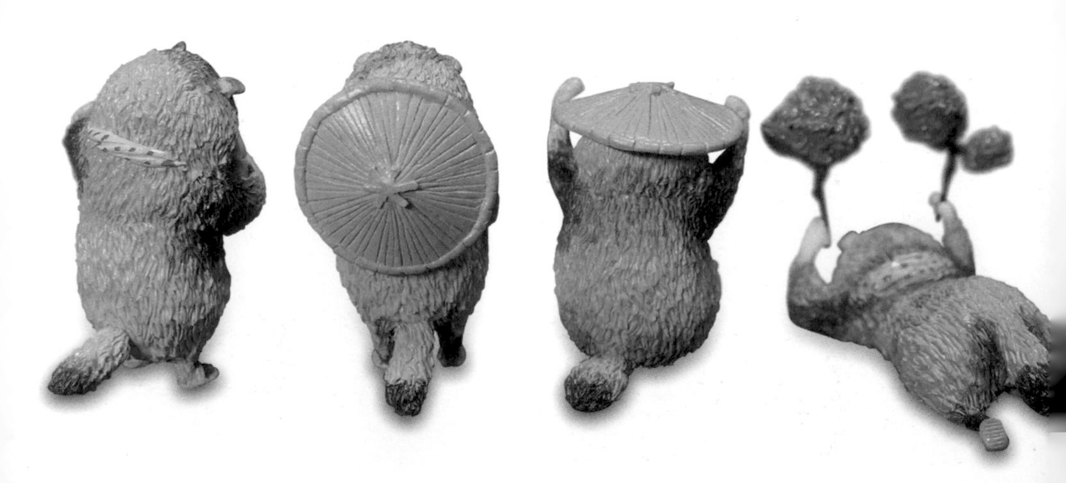

「我們絕對不是狸貓，畢竟我們身上的顏色這麼奇怪。」

「你累了。笨笨的人類誤以為我們是狸貓，對我們疼愛有加，就繼續裝成狸貓吧。快去睡。」

「嗯……咦！？」

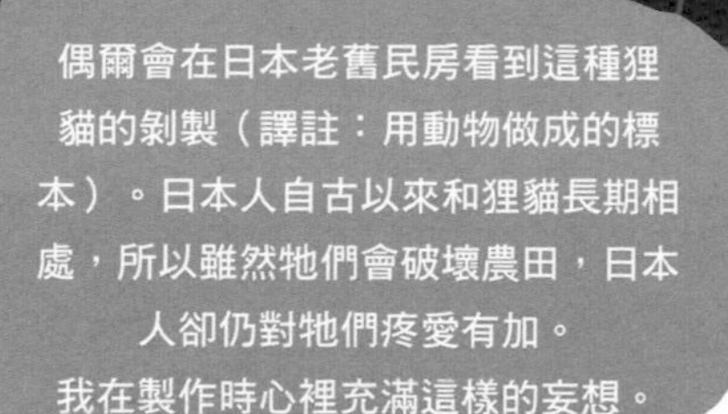

2019年 鐵絲、Mr.Clay（輕量石粉黏土）、AB補土

inspire

さっこ（@seabass395）

緊緊抱住

日本會用「Gyu」這個狀聲詞來形容擁抱時的聲音，可是英語國家卻沒有擁抱的狀聲詞。因為他們覺得擁抱是沒有聲音的。在平時都只用狀聲詞來對話的我看來，擁抱時確實聽得到Gyu的聲音，墜入情網時也會聽到撲通的聲……好，快點來做模型了。

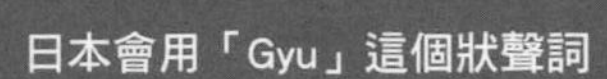

2019年 鐵絲、Mr.Clay（輕量石粉黏土）、AB補土

2019年 鐵絲、Mr.Clay（輕量石粉黏土）、AB補土

從牠背後就能感受到那股全神貫注的認真態度，那種感覺真叫人欲罷不能啊……

2019年 鐵絲、Mr.Clay（輕量石粉黏土）、AB補土

盆栽貓

2019年 Mr.Clay（輕量石粉黏土）、AB補土、瓦楞紙

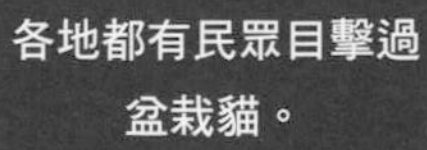

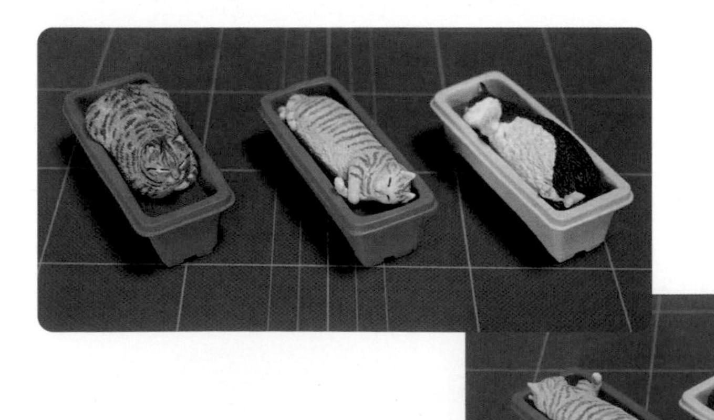

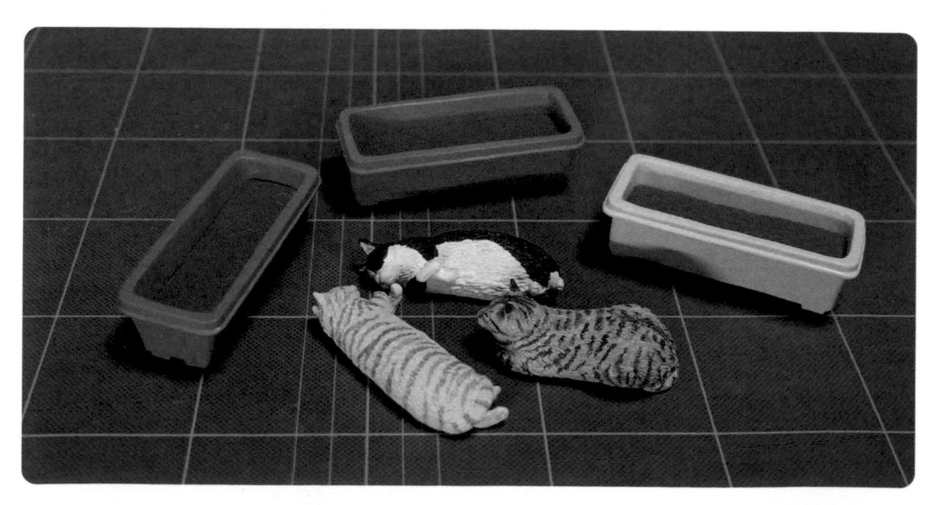

敝人是貓

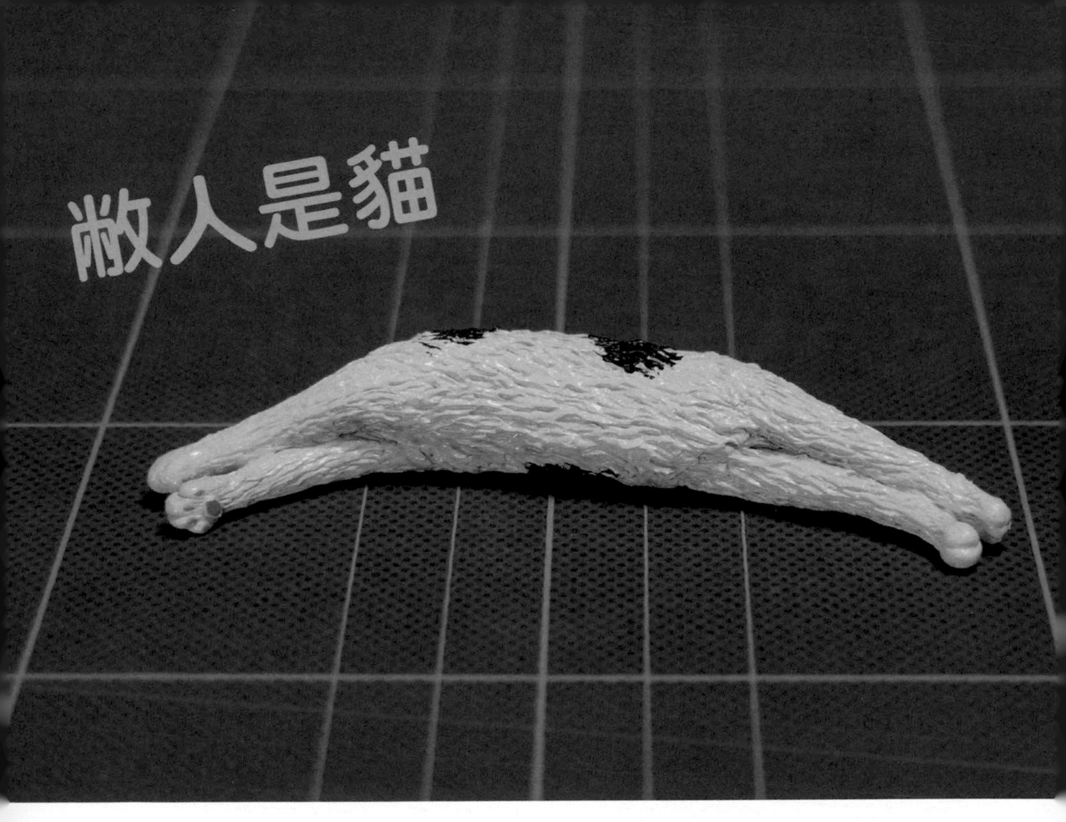

2019年　鐵絲、Mr.Clay（輕量石粉黏土）、AB補土

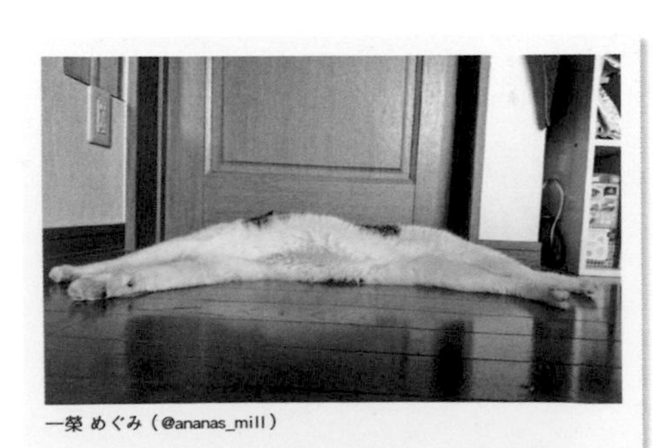

一榮 めぐみ（@ananas_mill）

inspire

我向網友徵求各種好玩的
動物照片時，收到了這張照片。
這位是貓。

這是我推特追蹤者的貓。
每當有事相求的時候，
貓咪就會像這樣
走近我們身邊。

2019年　鐵絲、熱縮片、Mr.Clay（輕量石粉黏土）、AB補土

Shi.z（@shizheng0805）

inspira

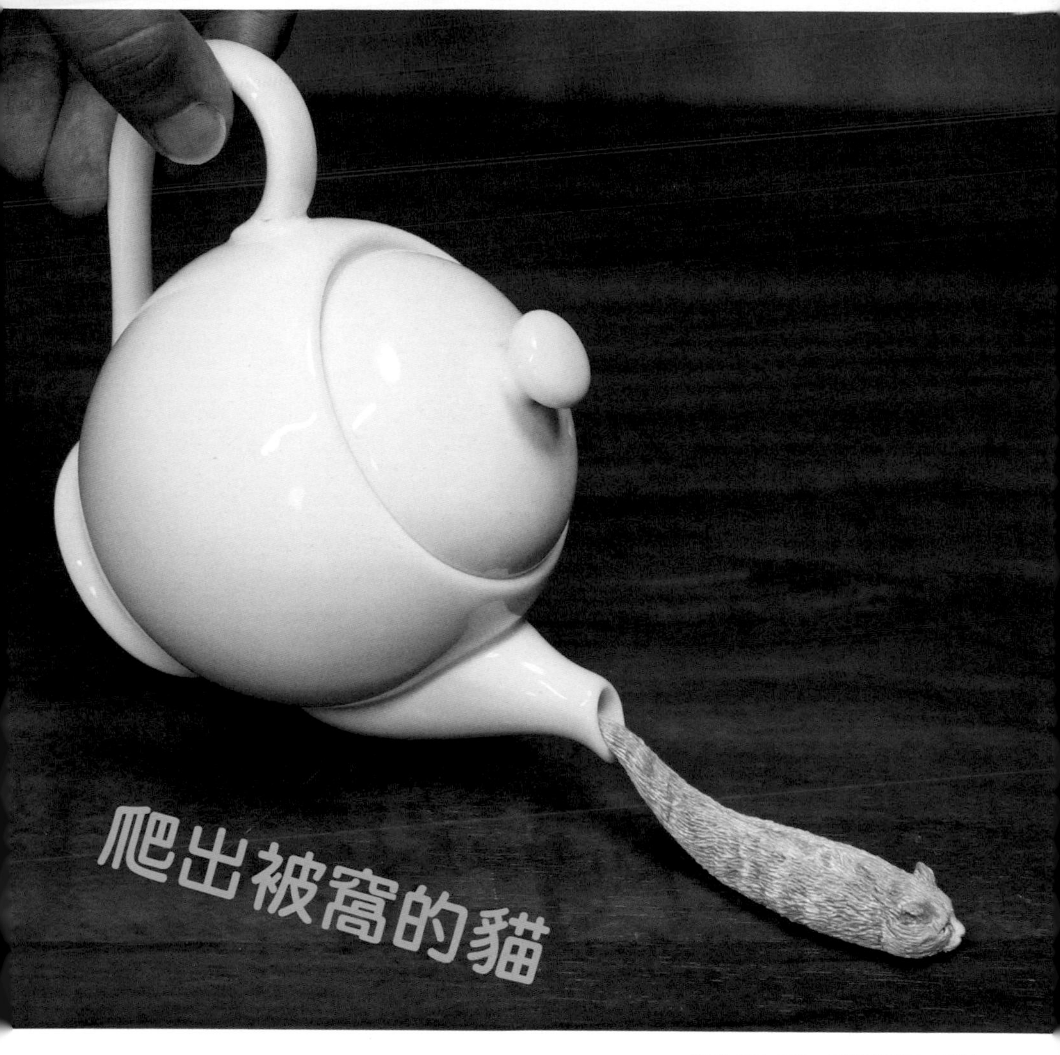

2019年 鐵絲、Mr.Clay（輕量石粉黏土）、AB補土

早安，
這是一隻爬出被窩的貓。

2019年　Mr.Clay（輕量石粉黏土）、AB補土

現在都是潛水狀態

2019年　鐵絲、Mr.Clay（輕量石粉黏土）、AB補土

擺出勝利姿勢的浣熊。

2019年　鐵絲、Mr.Clay（輕量石粉黏土）、AB補土

躲貓貓1

糟糕，被發現了！
我想，如果世界上有貓咪像小人國的人一樣，藏在沒人看到的地方過日子，應該會是這個樣子吧！於是就做出了這個系列。

躲貓貓2

2019年 鐵絲、Mr.Clay（輕量石粉黏土）、AB補土

夾縫貓

2019年　鐵絲、Mr.Clay（輕量石粉黏土）、AB補土

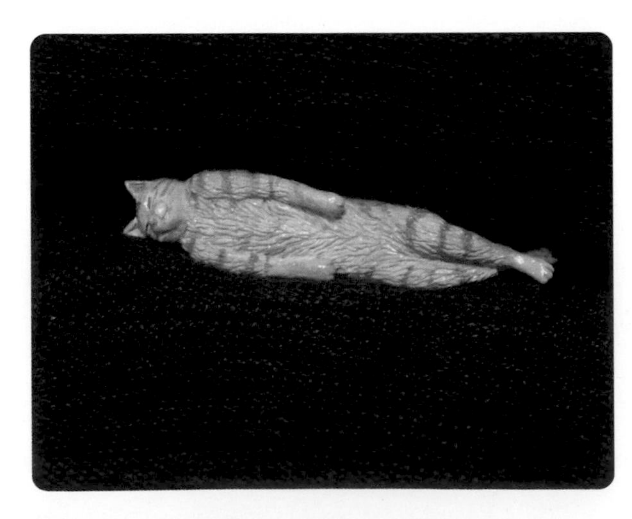

「夾縫貓」是用來放在夾縫間的擺飾。
放在沙發等物品的夾縫中，
看到牠時會讓你覺得
「咦，好像有個東西耶（笑）」，很可愛。
你也可以讓牠豎立，這樣能營造出
「苦苦卡在縫隙間、無法掙脫，
最後終於覺悟而放棄了」
的感覺。真的很可愛。

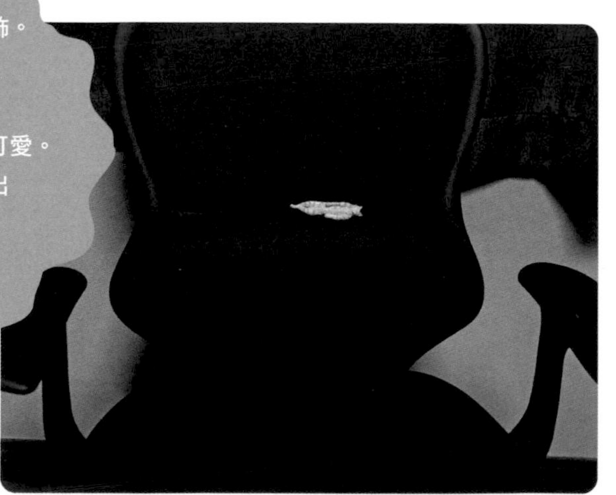

貓咪凱旋門

2019年　鐵絲、塑膠棒、Mr.Clay（輕量石粉黏土）、AB補土

オクムラチサト。（@Shiroanko_love）

這是應網友要求而做的貓咪凱旋門。
牠賦予了「配件」這個字無限可能。
太帥了貓。

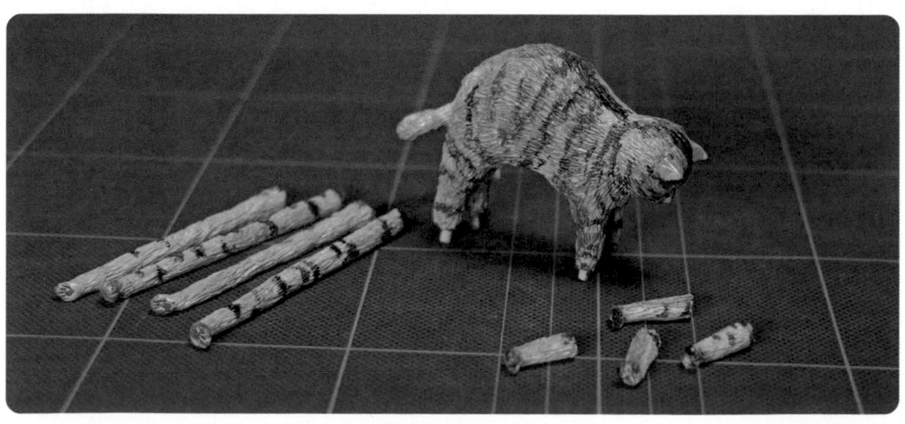

栽進雪裡的狐狸

噗唰！
這是一隻栽進雪裡的狐狸。
真希望能試一次潛入雪裡
是什麼感覺。

2019年　鐵絲、Vinidine製書白膠的蓋子、
Mr.Clay（輕量石粉黏土）、AB補土

箱型貓

我把前陣子引發熱烈討論的箱型貓做成模型。背後可以打開，當成置物盒使用。

2018年 Mr.Clay（輕量石粉黏土）、AB補土

inspira

サユヤス（@SHAKEhizi_BSK）

黃葦鷺

2018年　鐵絲、熱縮片、
Mr.Clay（輕量石粉黏土）、
AB補土

液體貓

2018年　鋁箔紙、Mr.Clay（輕量石粉黏土）、AB補土

照片中是那隻引發熱議的液體貓，
不過我把牠做成了固體，
從盒子取出。

Cakes（@Cakes1todough1）

inspira

貓龍

2018年 鐵絲、Mr.Clay（輕量石粉黏土）、AB補土

這是我推特追蹤者家的貓——
貓龍。

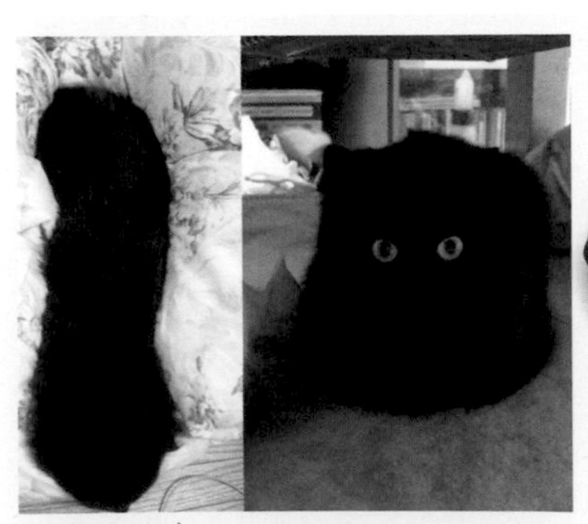

尸毛（@ataho_053）

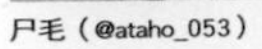

2018年 鐵絲、顏料盤、Mr.Clay（輕量石粉黏土）、AB補土

妖怪貓

這是我推特追蹤者家裡的貓——
一隻妖怪貓。

inspire

わたる（@watta_c33）

雄赳赳的浣熊

2018年　鐵絲、Mr.Clay（輕量石粉黏土）、AB補土

一隻威武的浣熊。
特別可愛。

這個星球叫地球啊……
真脆弱……

MEETISSAI的模型
製作過程
Sculpture Making

MEETISSAI的
TOOLS AND MATERIALS
製作材料與工具

我幾乎每天都在做模型，
所以材料和工具都選用相對容易
買到的產品。

黏土

日本大創販售的高延展性黏土

補土

TAMIYA AB補土高密度款

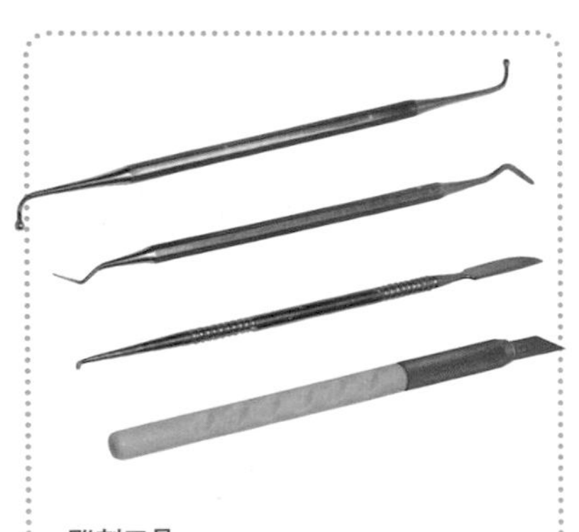

雕刻工具

銼刀／模具組
美工刀／雕刻刀

上色工具組

硝基噴漆、稀釋液、小碟子、畫筆、Kanpe Hapio油性矽膠硝基噴漆（透明）、NITTOKU霧面玻璃效果噴漆玻璃一號（霧面玻璃效果）、NITTOKU PLASTI DIP液體橡膠噴漆

其他 鐵絲、斜口鉗、鋁箔紙

倉鼠的模型製作過程！

Modeling a hamster!

01 做出形狀 **這個步驟很重要，要確定大致的尺寸與形狀。**

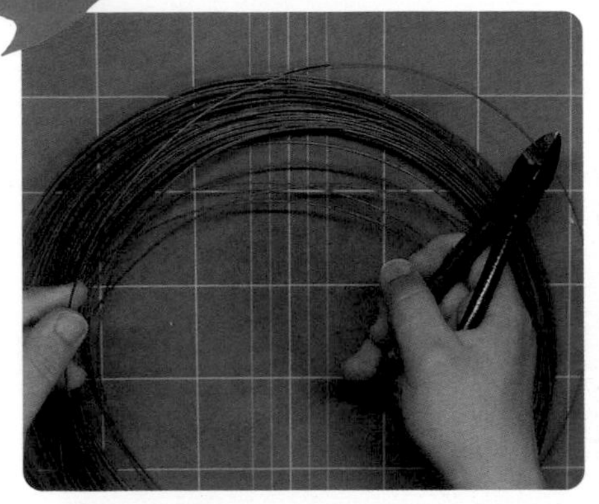

01 確定要做的倉鼠長度後，剪下兩倍長的鐵絲。

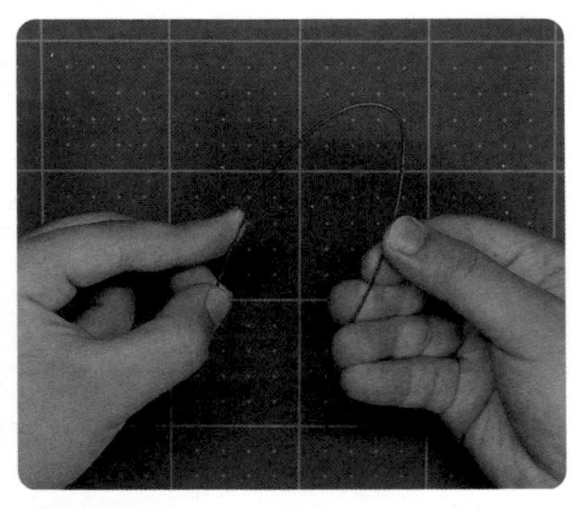

02 要折成相同的長度，才站得起來。

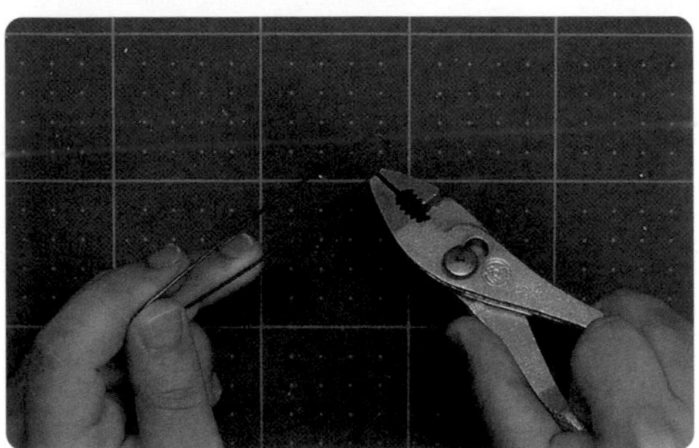

03 折彎鐵絲前端，這是腳的部分。

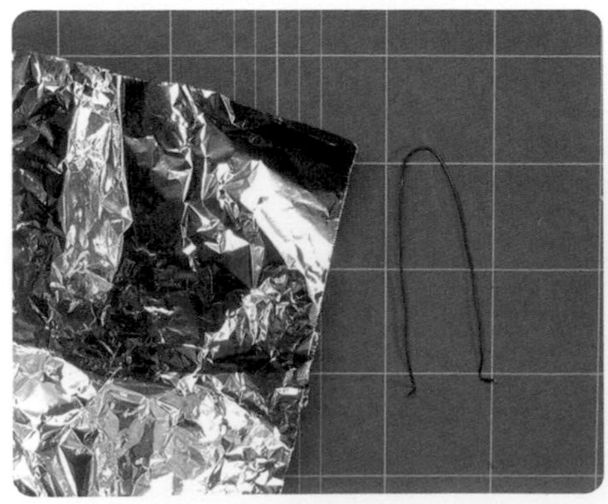

04 用鋁箔紙填充骨架，方便我抓到大致尺寸。

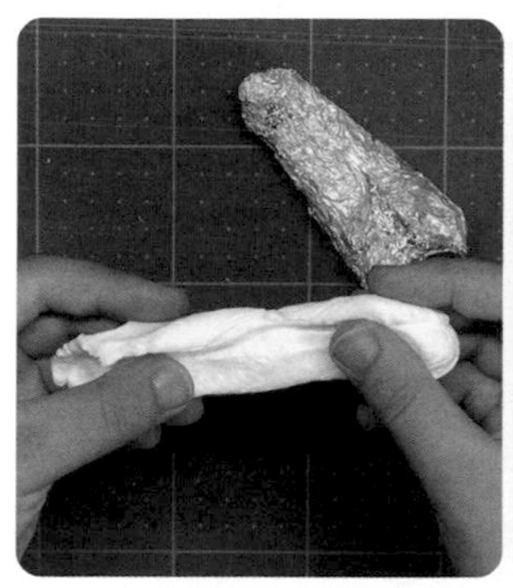
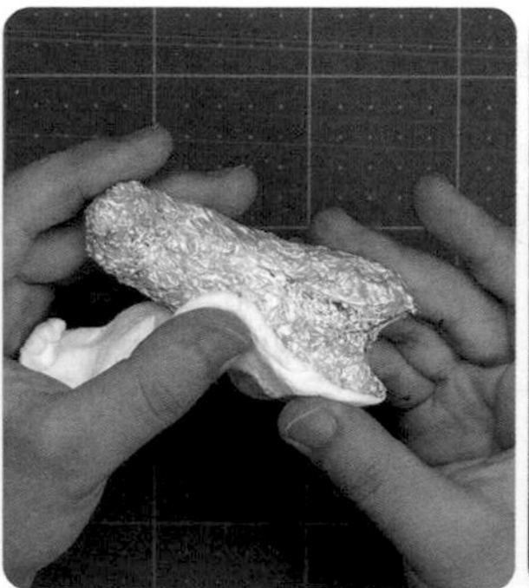
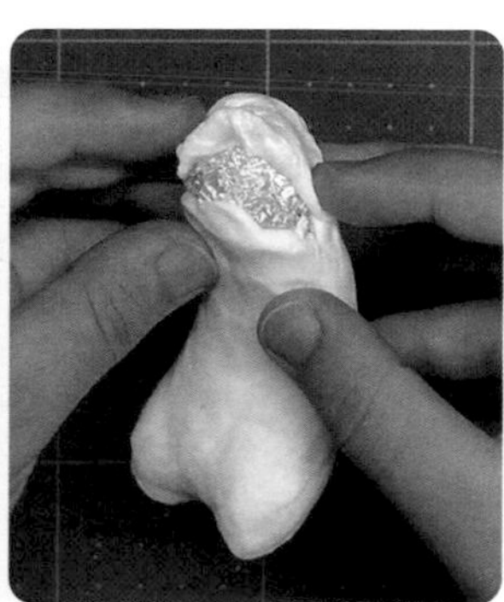

05 用輕量樹脂黏土（日本大創販售的高延展性黏土）覆蓋過去，確定頭部位置與大致形狀。

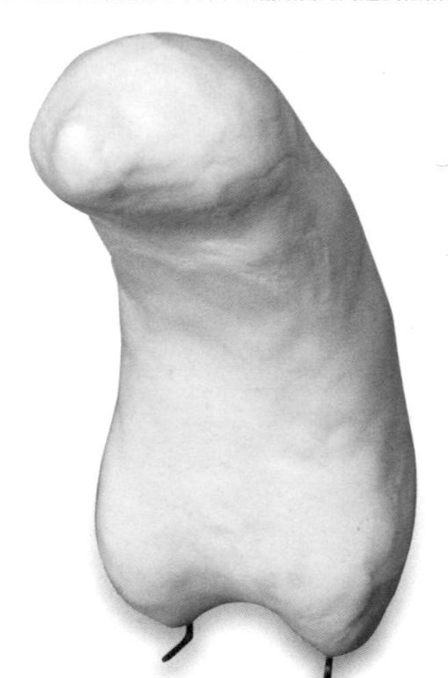
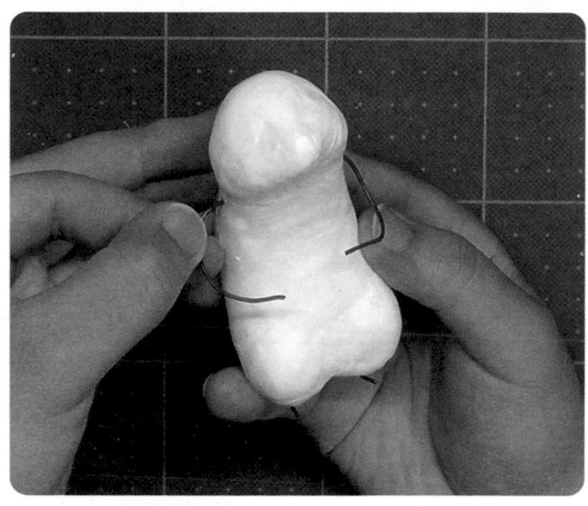

06 插上鐵絲，當做雙手的骨骼。

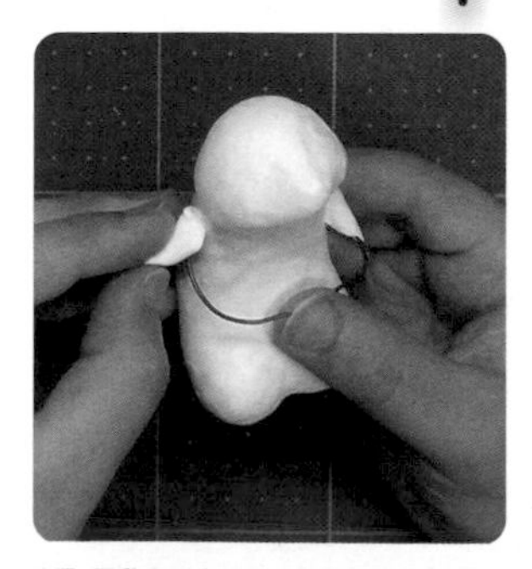

07 用黏土固定鐵絲，並抓出雙手的形狀。

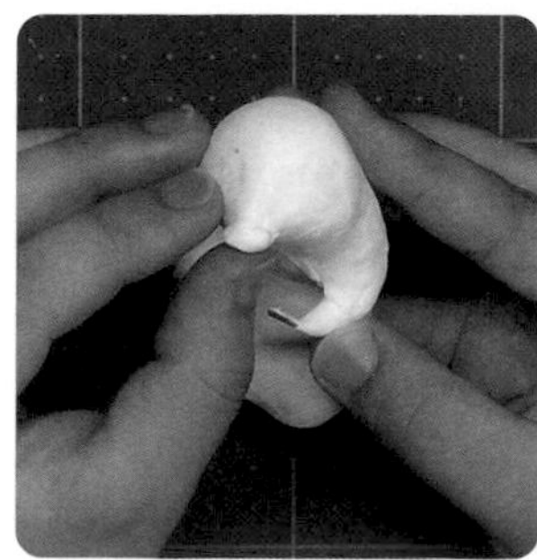
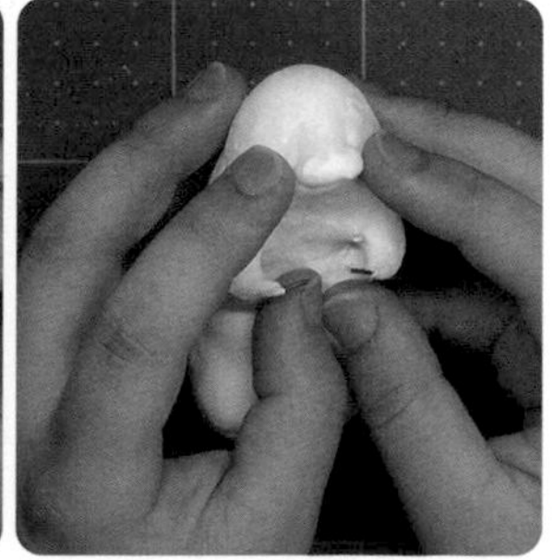

08 詳細確定所有五官的位置，避免等一下填上AB補土時抓不到位置。

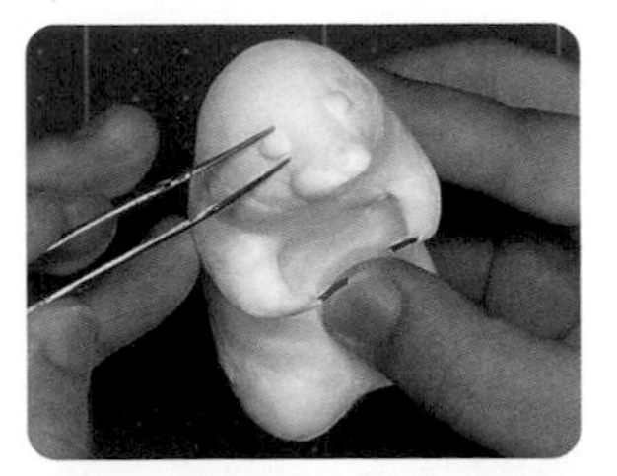

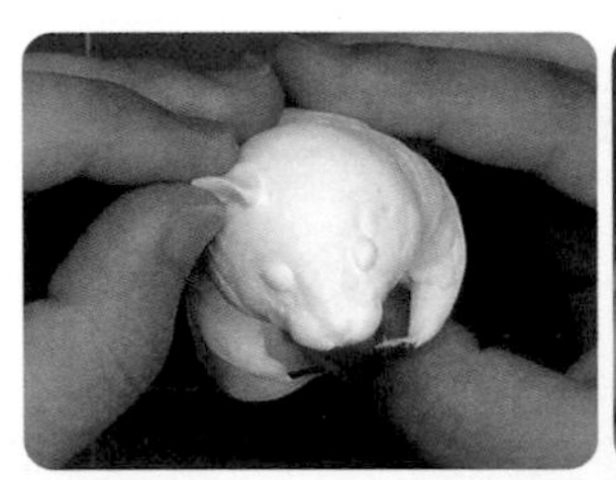

09 確定眼睛的位置。

10 加上耳朵。大小要比成品還要小一點。

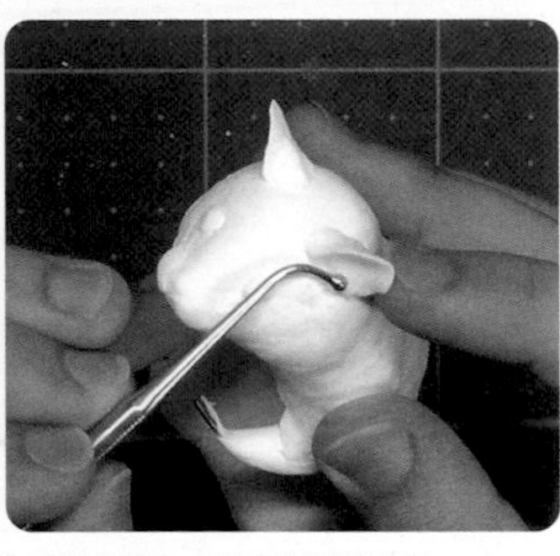

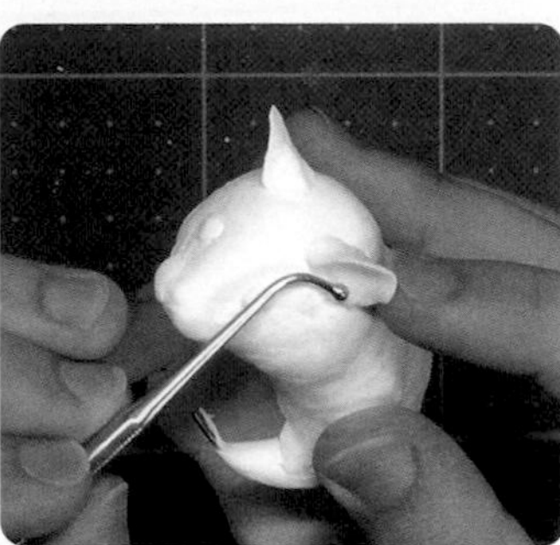

11 即使是輕薄小巧的耳朵，也是之後用來堆疊AB補土的根基部分，所以要做得相當仔細。

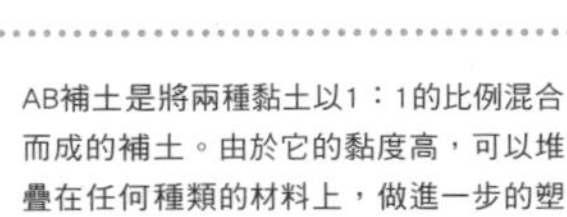

AB補土是將兩種黏土以1：1的比例混合而成的補土。由於它的黏度高，可以堆疊在任何種類的材料上，做進一步的塑形十分便利。

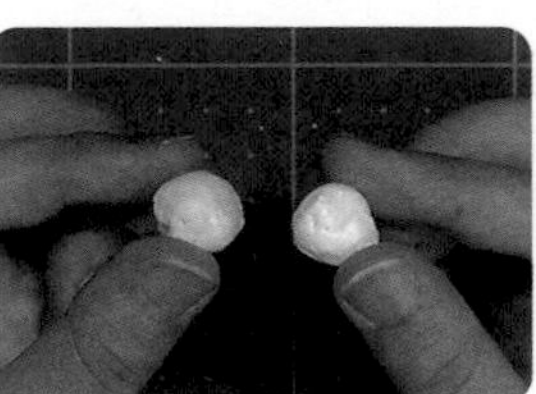

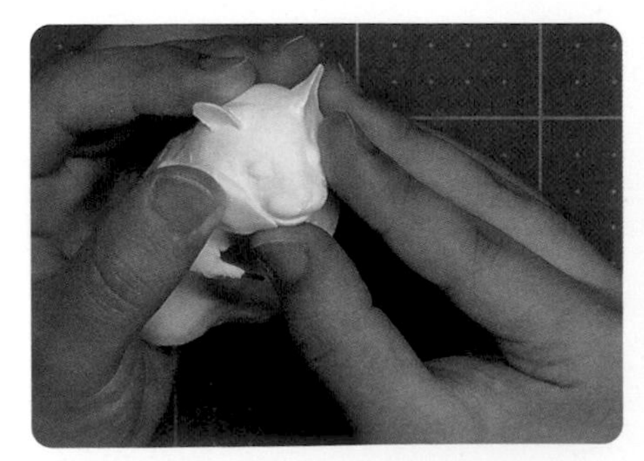

12 在肩膀附近填上AB補土。

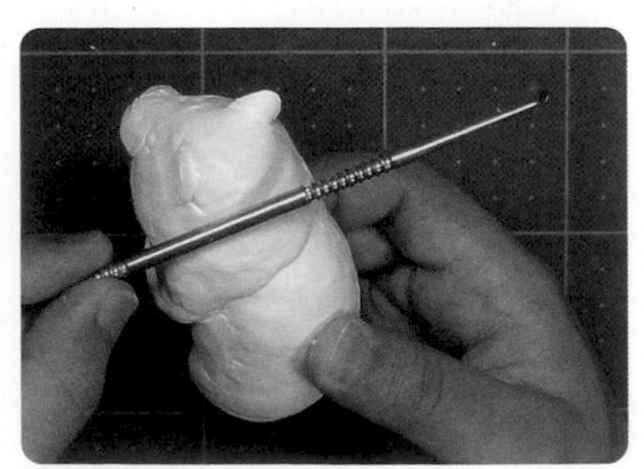

13 使用棉花棒形狀的工具來抹除指紋。

02 雕刻毛皮 這是動物模型的精髓所在。製作時要非常專注而仔細。

01 仔細做出鼻子與嘴巴的輪廓。

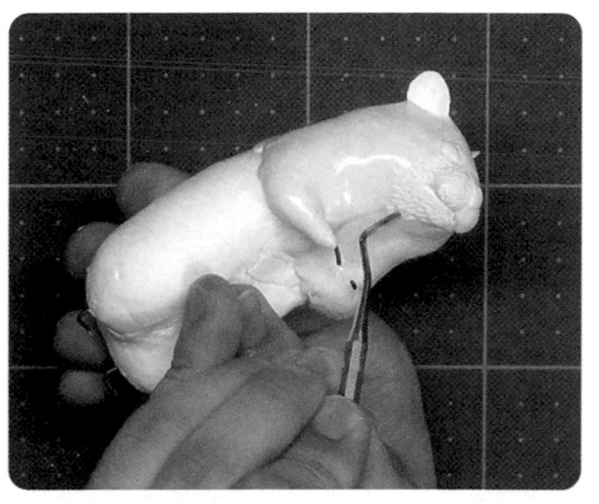

02 在嘴巴四周與下巴雕出毛皮。

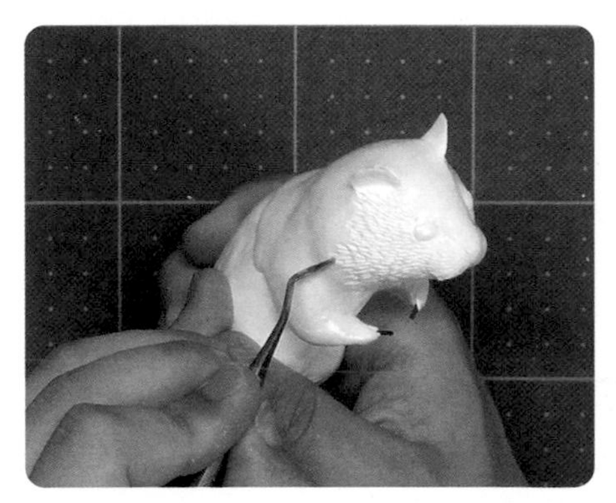

03 到了臉頰與肩膀部分，毛束逐漸變大，這時要適當調整力道。

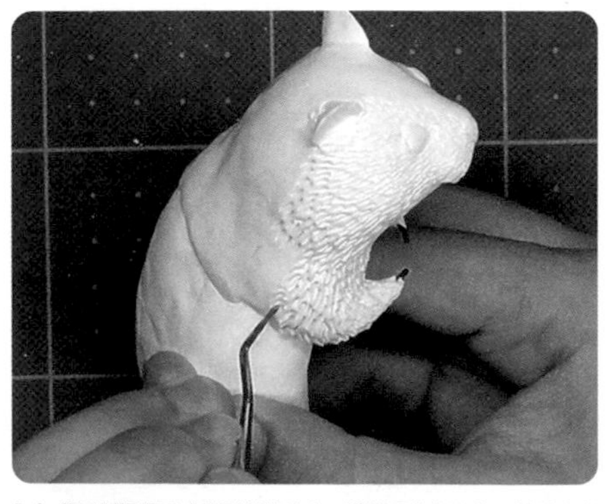

04 像手肘這類毛皮特別刺的地方，將抹刀往自己方向拉的方式來雕刻AB補土，營造出立體感。

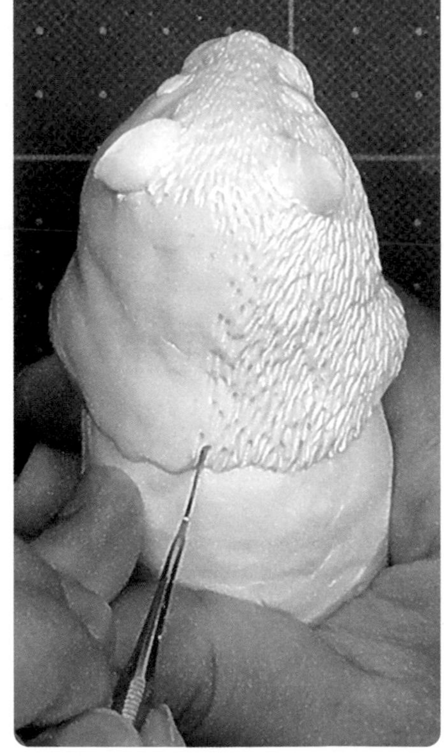

05 抹刀的方向要不斷左右交錯，避免毛流全部呈一直線。

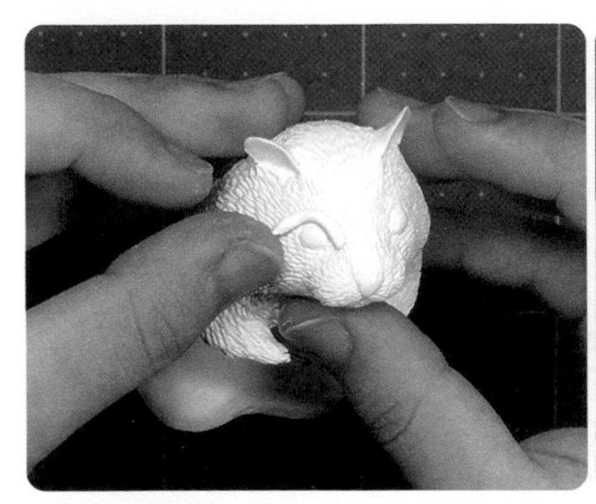
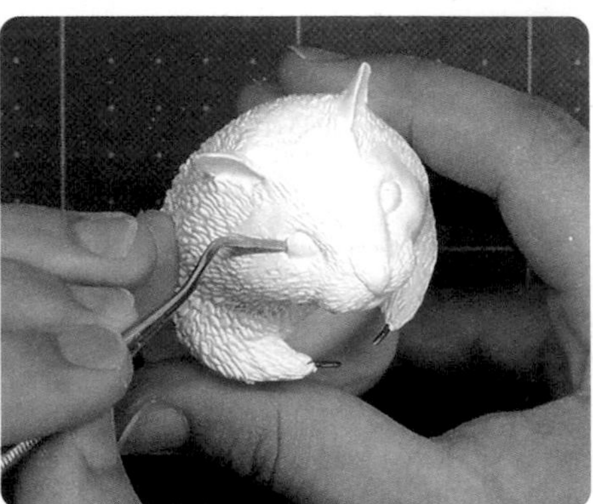

06 疊上眼睛周圍的肉，加上細毛。

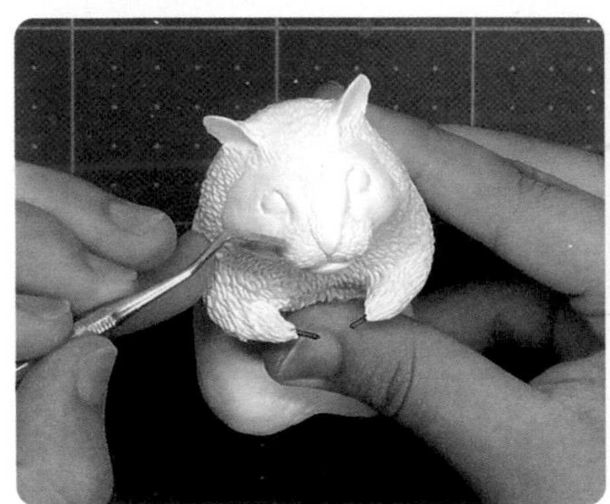
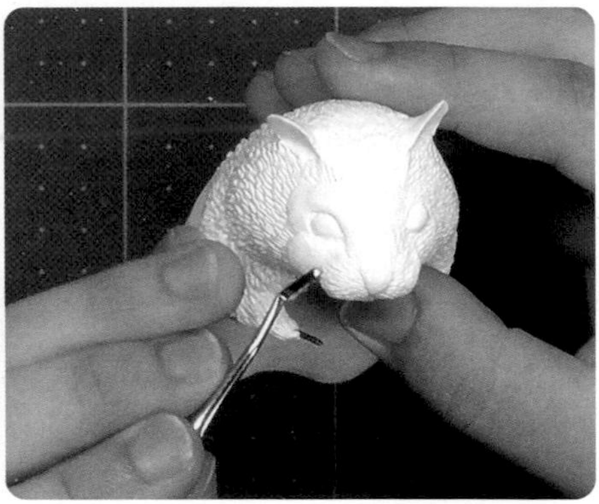

07 至於眼周與鼻樑的細毛，以比較淺的力道及較近的間距來雕刻。

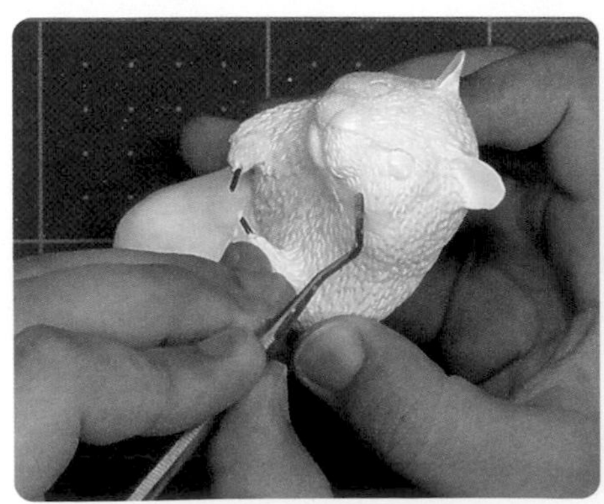
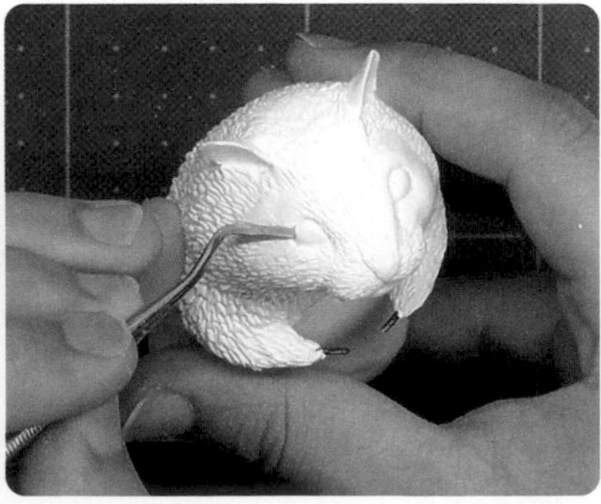

08 下巴周圍的毛束，會比眼周與鼻子還要刺刺的。

03 耳朵的製作

耳朵的形狀與方向稍有變化，呈現的味道就會大不相同。製作時要很小心。

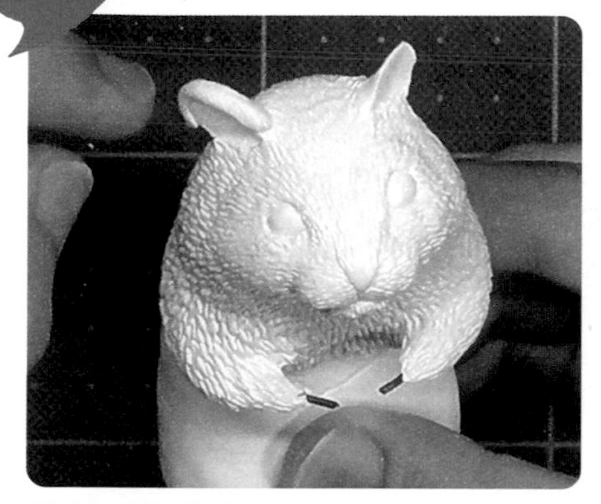

01 疊上AB補土，將耳朵加大到成品要的尺寸。

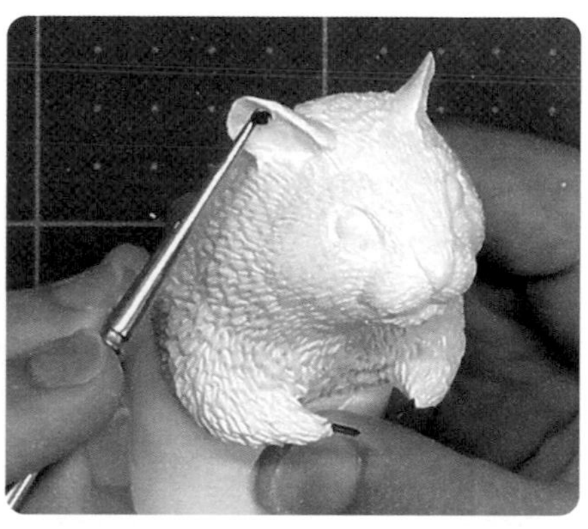

02 將補土一步步堆疊到基底上。

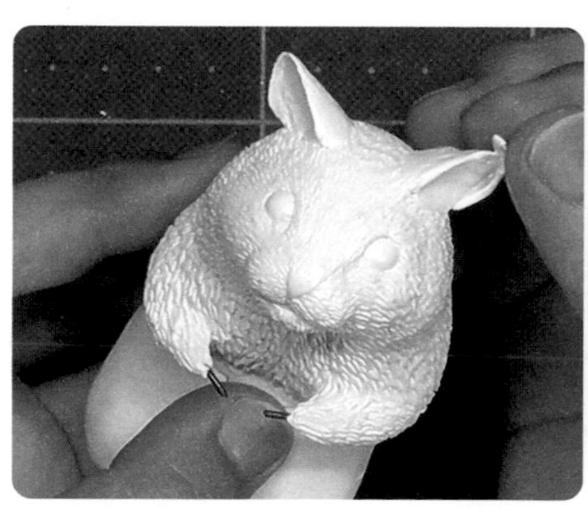

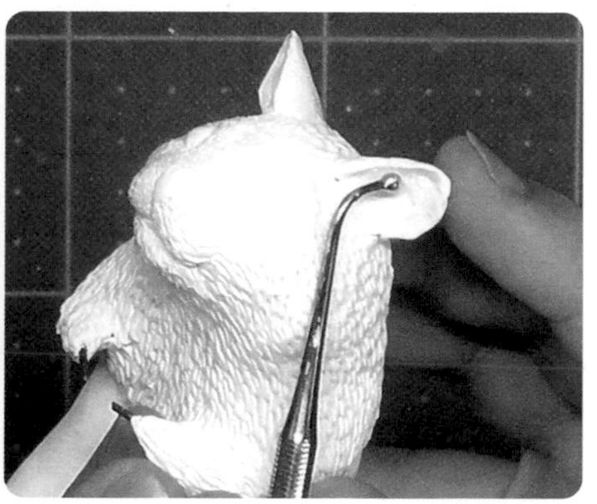

03 另一隻耳朵也用一樣的方法製作。

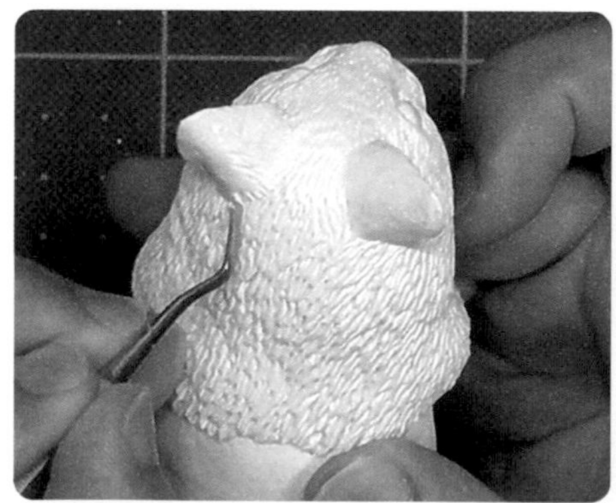

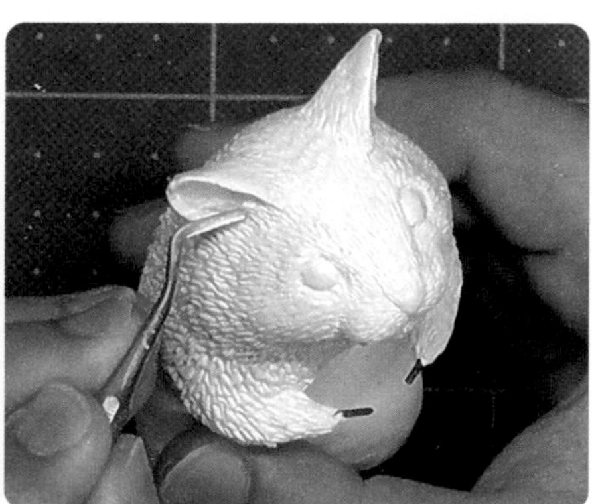

04 刻出耳朵後面的細毛和耳朵裡面的毛。

04 臉部細節

雖然已經雕了一部分的毛皮，還是要反覆觀察整體是否平衡，適度加上補土做調整。

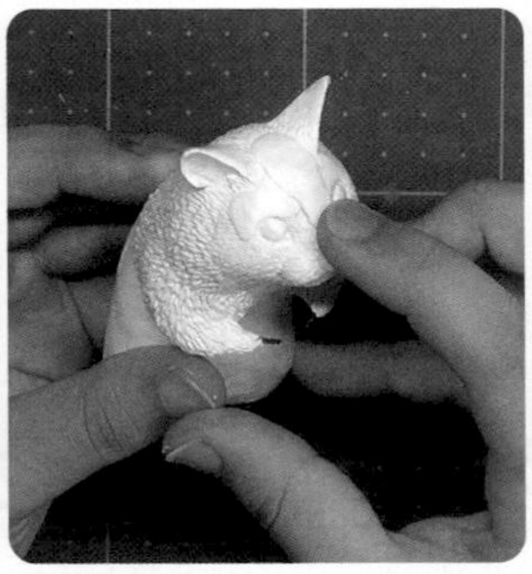
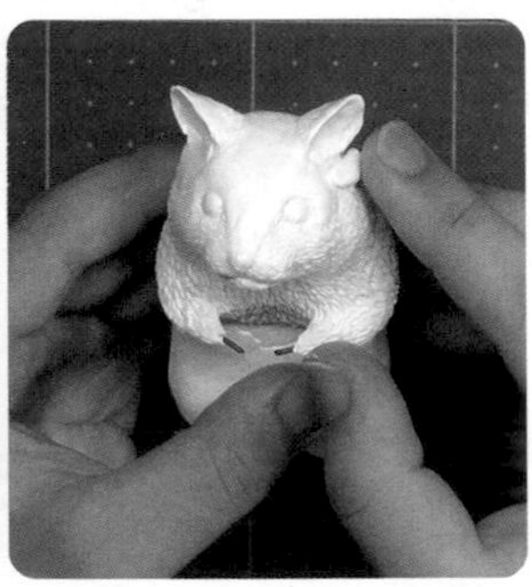

01 在額頭、眼皮、臉頰等尚缺乏立體感的部位填上補土。

02 調整眼球的形狀。

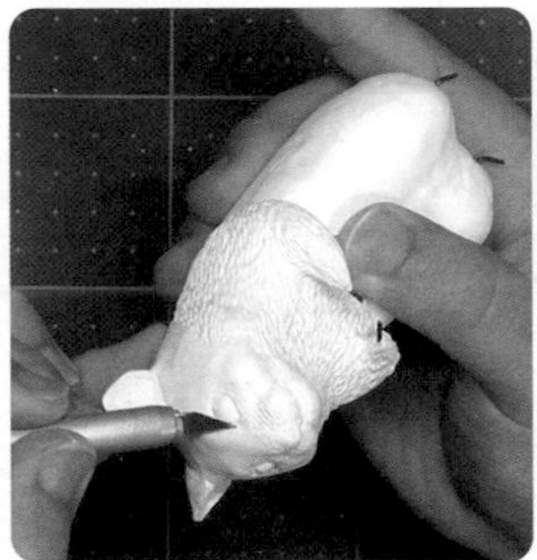
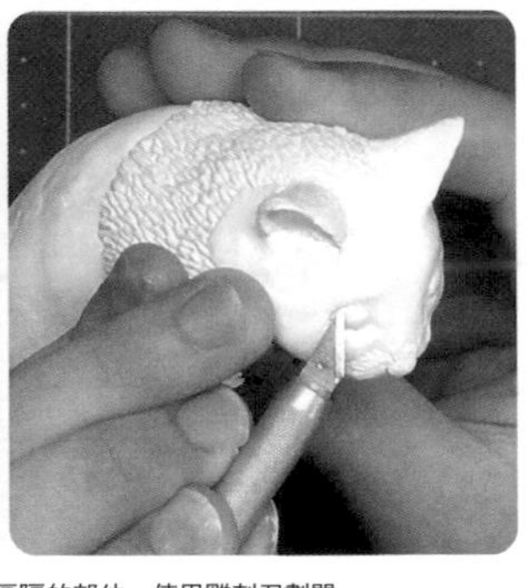

03 在眼皮和眼球之間，這類需要做出明確區隔的部位，使用雕刻刀劃開。

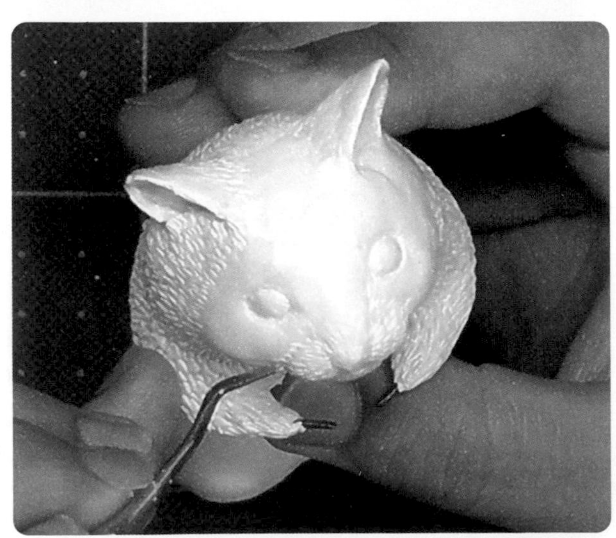

04 順著四周的毛流，一步步雕好毛皮。

05 手部和小設計

我想讓牠手拿向日葵種子，所以將雙手往內側彎曲。

01 將鐵絲往內側彎曲。

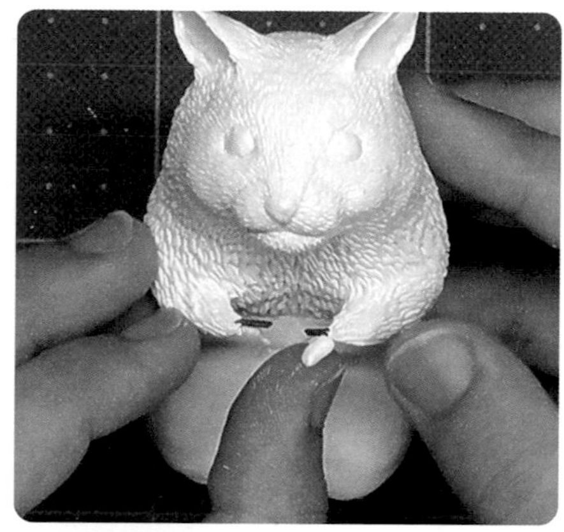

02 加上補土製作雙手。

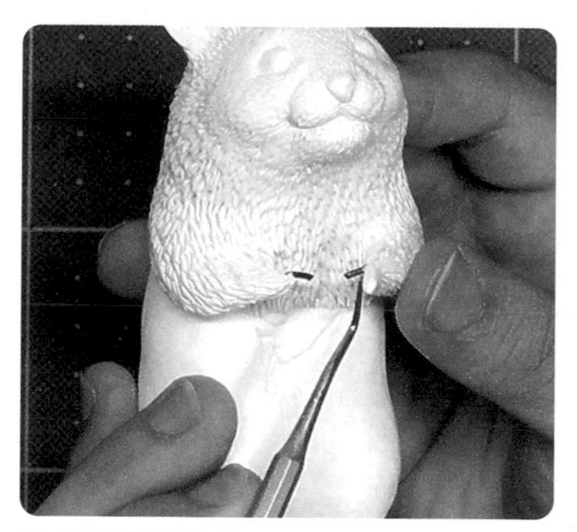

03 確實將雙手與根部黏合，防止雙手掉落。

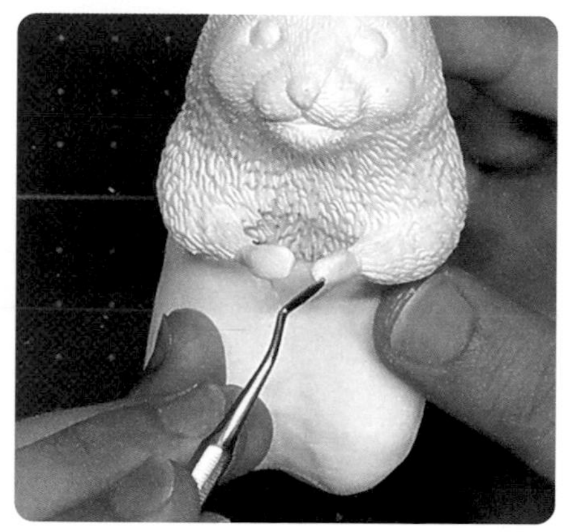

04 觀察左右是否平衡，調整形狀。

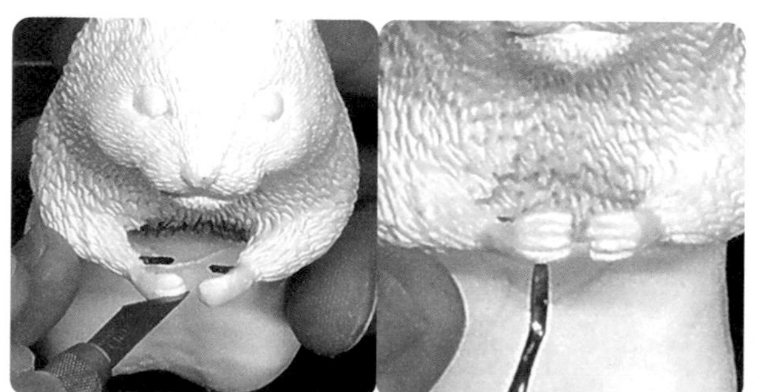

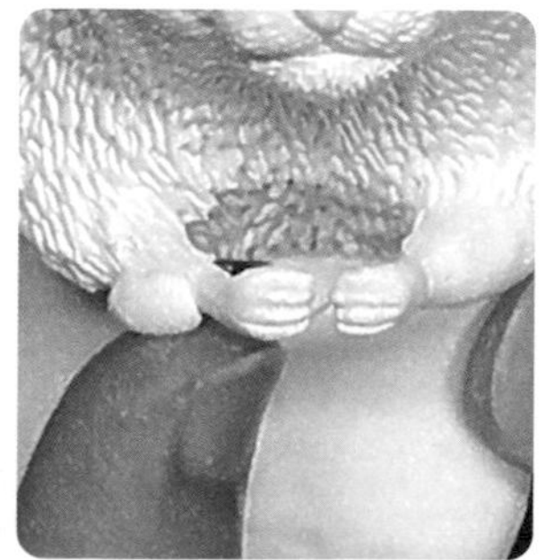

05 使用雕刻刀刻出裂痕，製作手指，並加上手腕部分的細毛。

06 完成

完成臉部後，接下來就只剩製作下半身了。

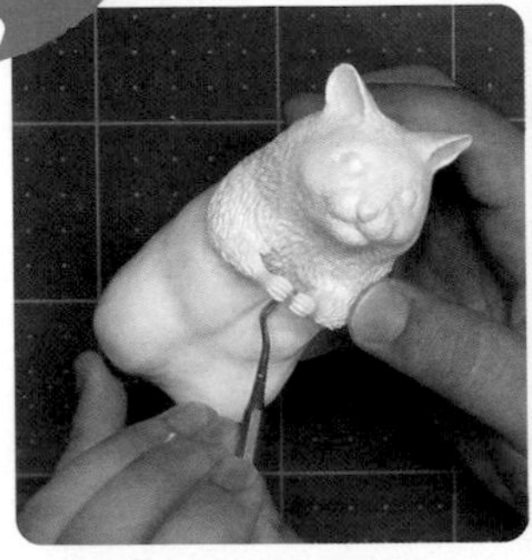

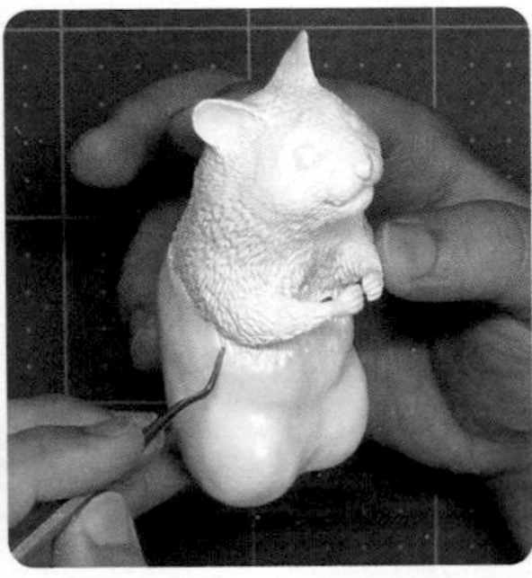

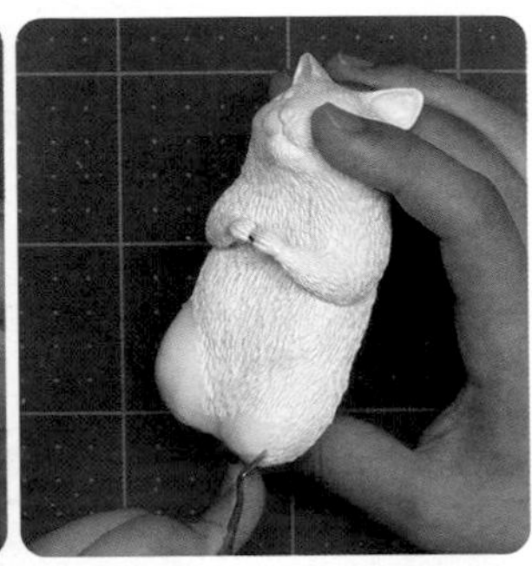

01 雕出胸部到雙腳的毛皮。腹部的毛要向左右兩側分開。

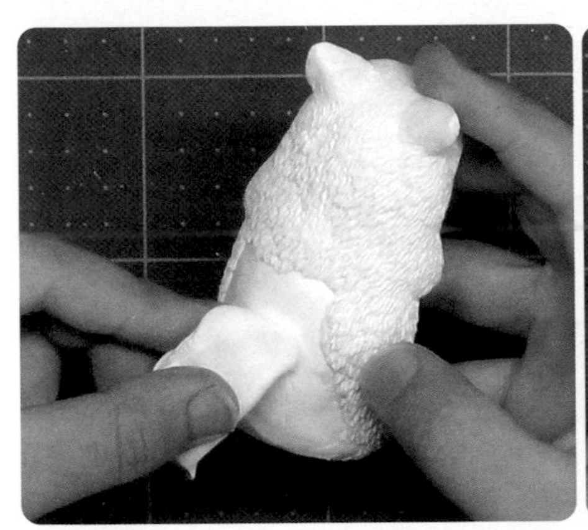

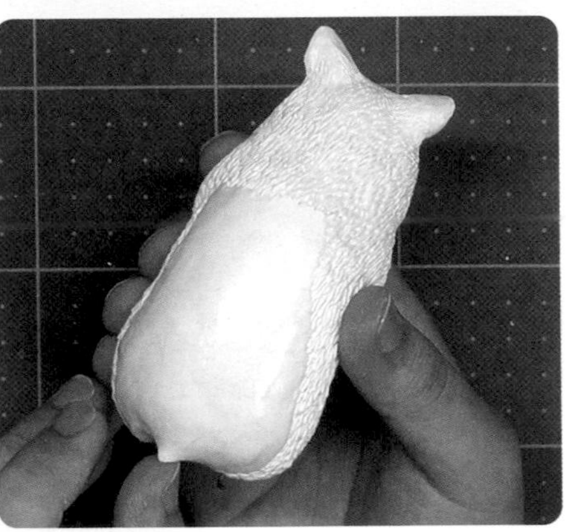

02 等到周圍的補土完全硬化，可以拿在手裡之後，疊上背後的補土。

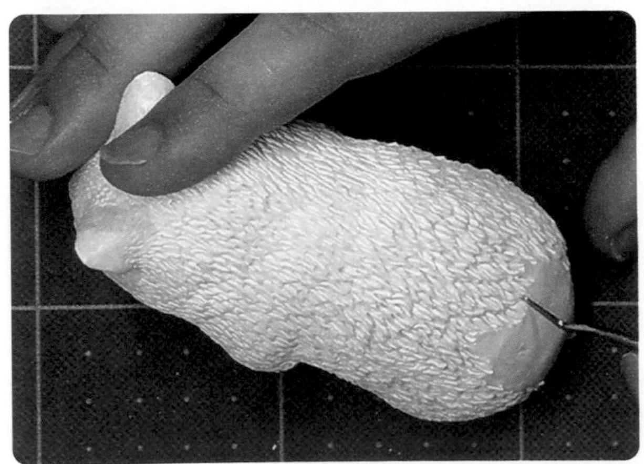

03 背後到腰部位置的毛皮，是全身最雜亂的。

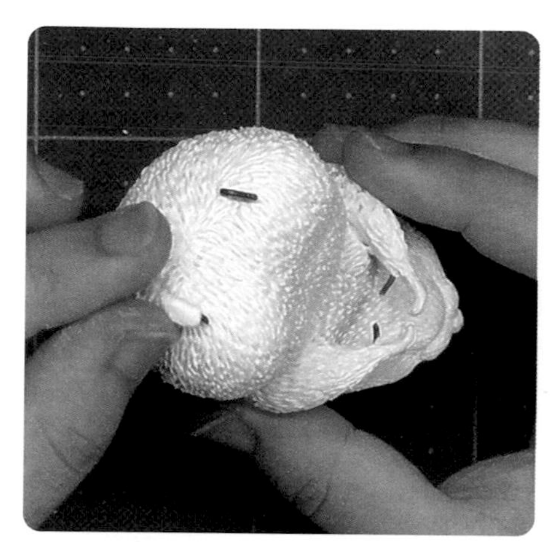

04 填上雙腳的補土。

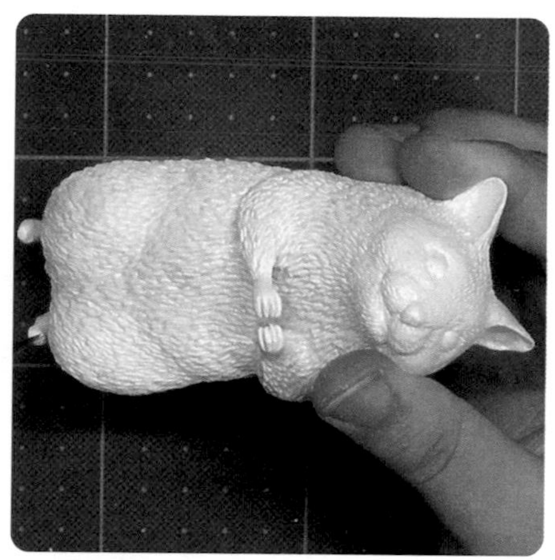

05 由於腳底與全身平衡息息相關，所以要確實調整左右的高度。

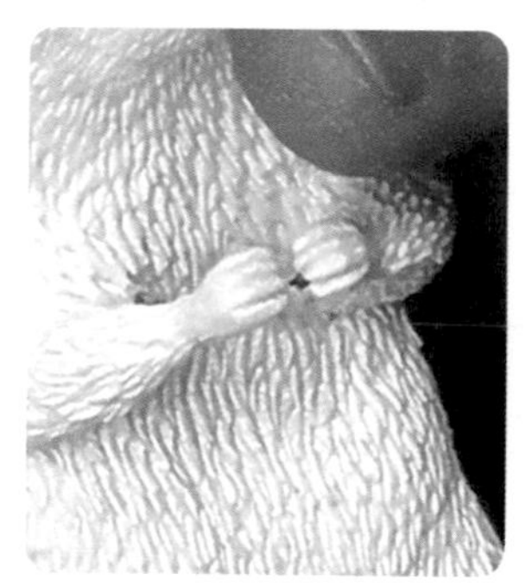

06 用雕刻刀製作手指。

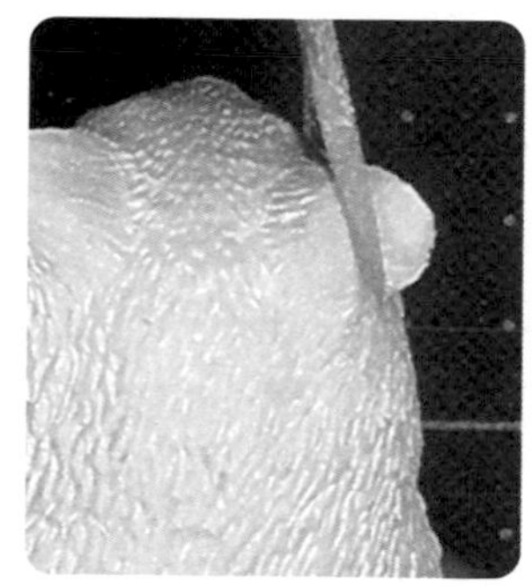

07 用銼刀打磨耳朵毛髮最稀薄的部分，弄得光滑平整。

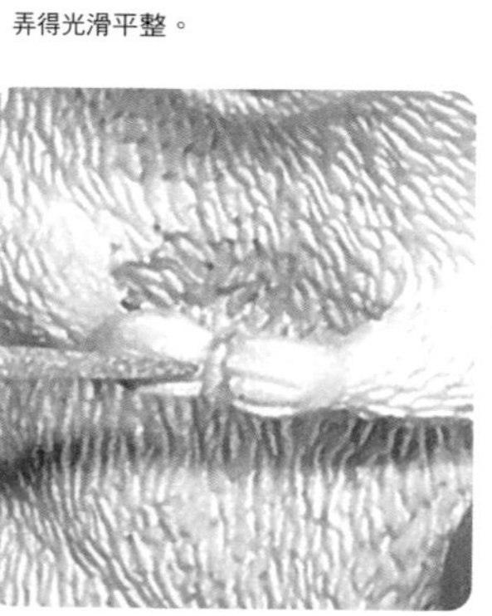

08 用銼刀打磨手指與指間縫隙，和毛皮部分做出明顯的區隔。

原型製作完成！

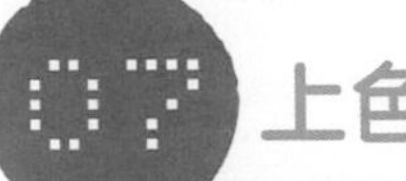

07 上色

以稀釋液調勻硝基漆，再使用畫筆上色。

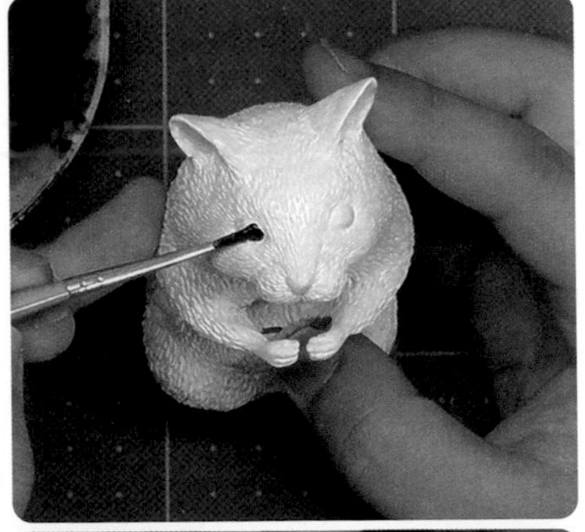

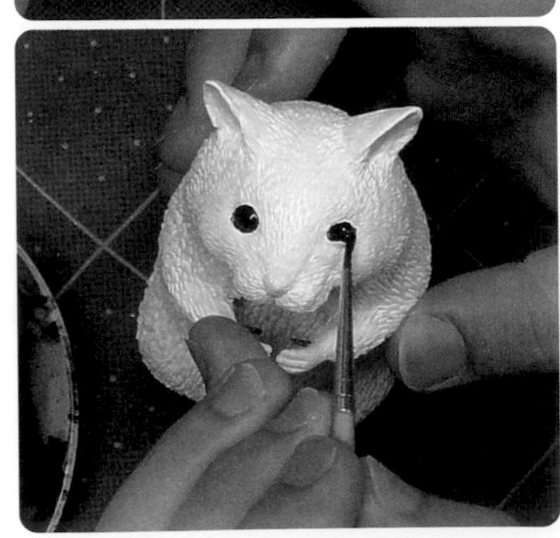

01 暫時塗上眼睛。

02 從臉部下方和下凹處這類顏色較深的部分開始塗起。

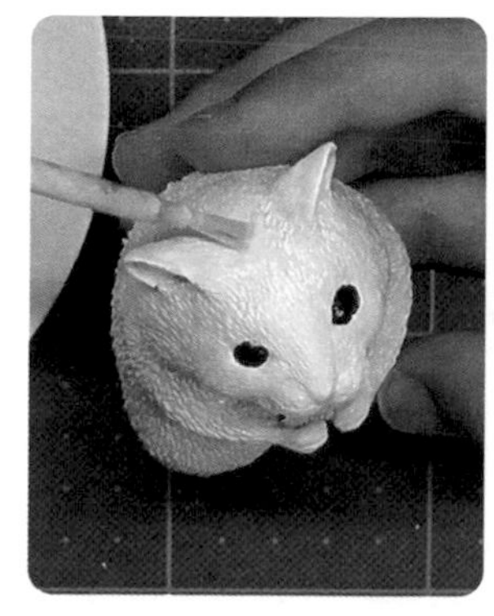

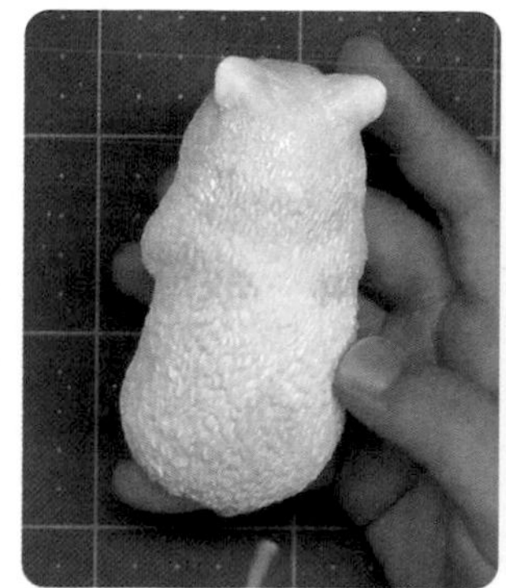

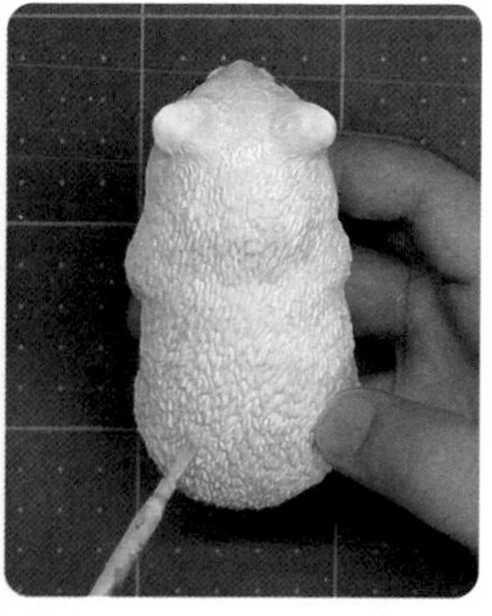

03 也沒有忘了在耳朵根部塗上較深的顏色。

04 塗完較深的顏色後，用較淺的顏色塗滿全身。

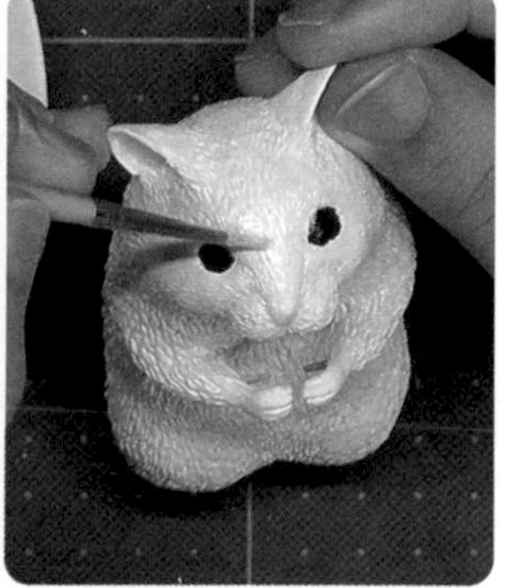

05 在腹部和下巴等部位塗上白色。鼻樑和眉間也要用白色打亮。

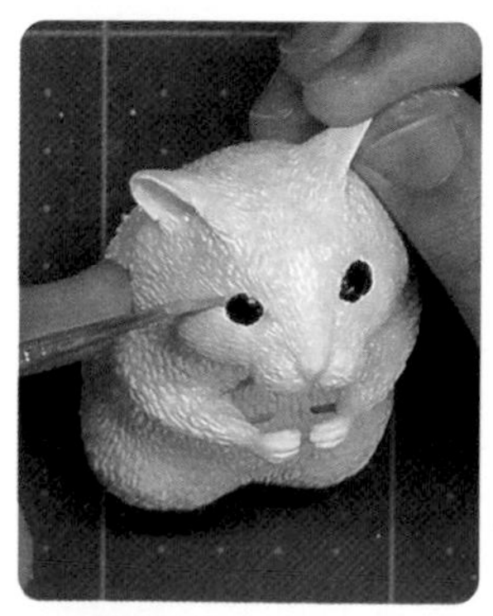

06 眼睛部分重新塗上淺色，以突顯眼睛的存在感。

07 使用黑褐色塗耳朵。耳朵後面和前端則塗上較淺的顏色。

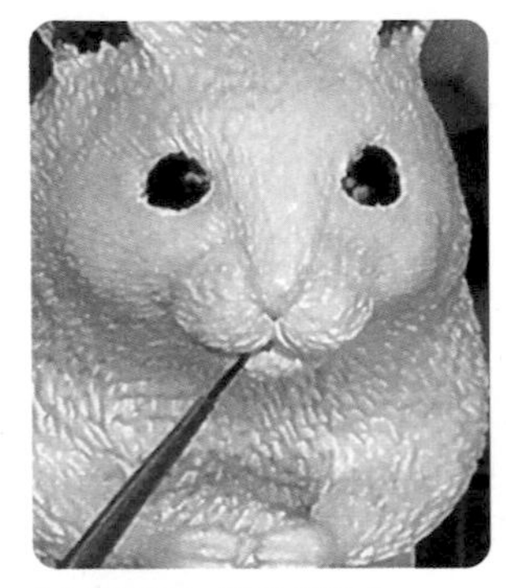

08 添加陰影，以強調嘴部線條。

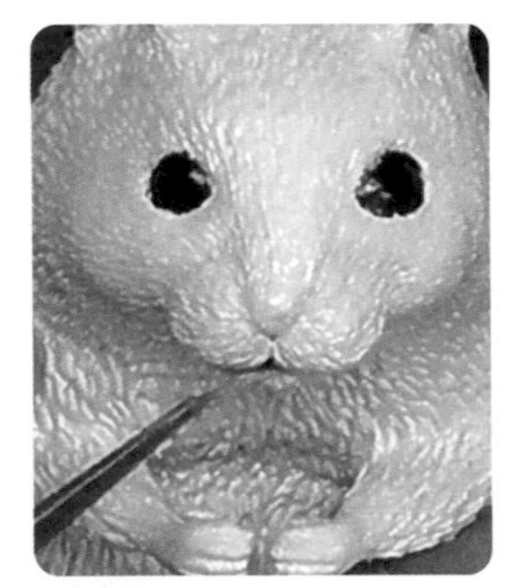

09 嘴唇塗上淺粉紅色。

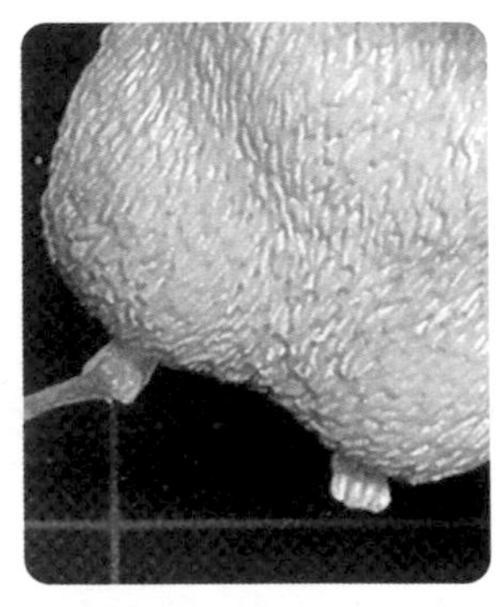

10 用同個顏色塗抹雙腳。

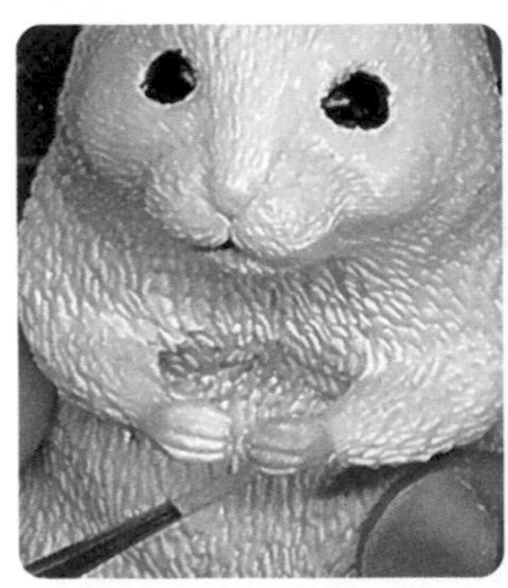

11 再塗抹雙手和鼻子，上色完成。

最後的收尾步驟用這個！

Kanpe Hapio油性矽膠硝基噴漆（透明）、NITTOKU霧面玻璃效果噴漆玻璃一號（霧面玻璃效果）

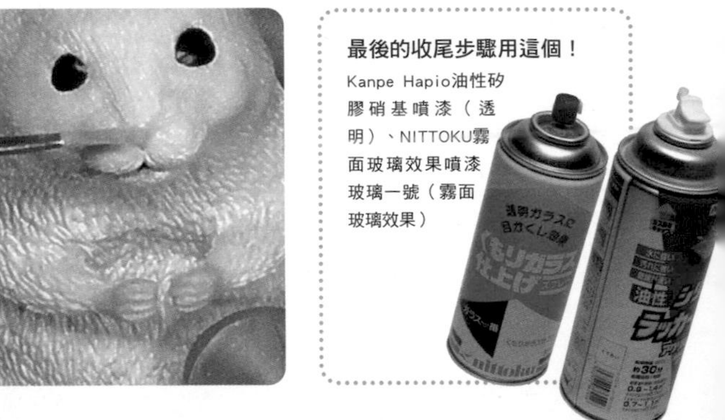

12 使用製作霧面玻璃的噴霧，來消除光澤感。

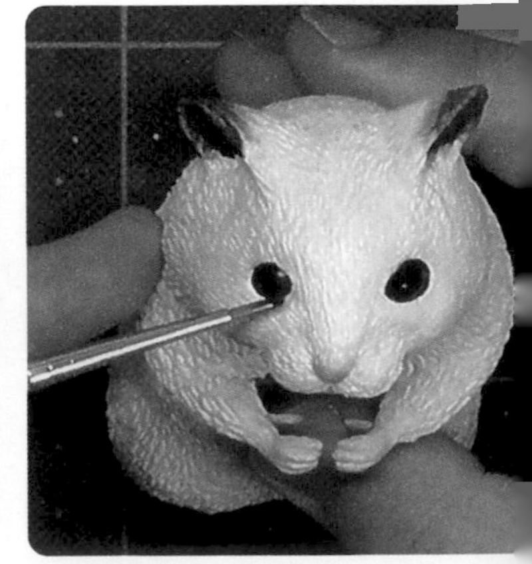

13 眼睛變得黯淡無光了，這時再塗上帶有光澤的透明硝基漆來增添光澤感。

08 種子

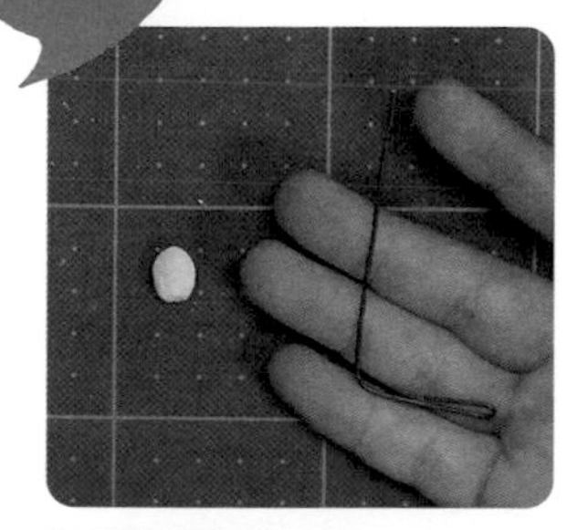

01 準備適量的鐵絲和黏土。

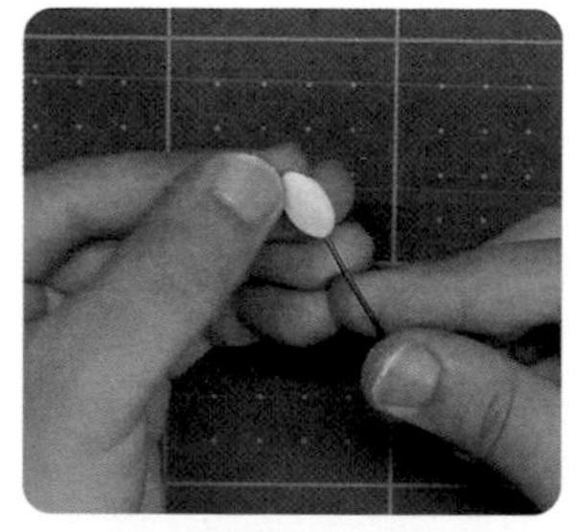

02 將鐵絲穿進黏土，做出種子的形狀。

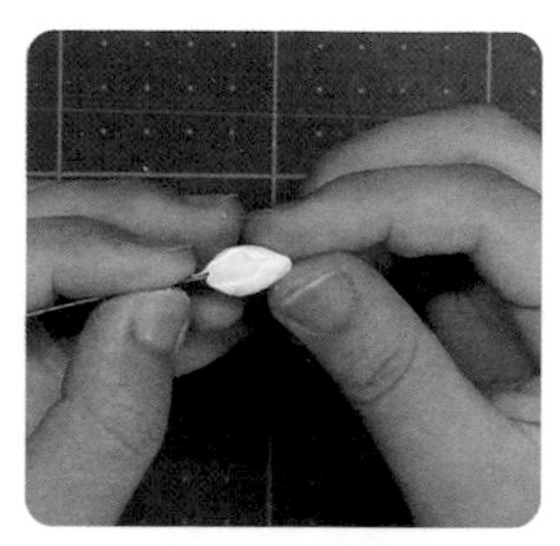

03 堆上AB補土。

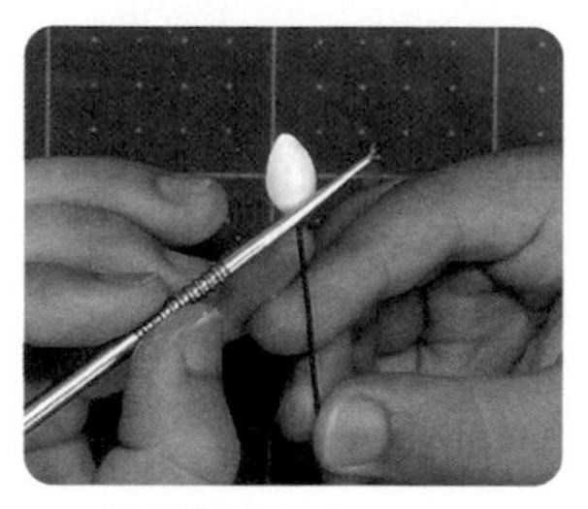

04 使用棉花棒狀的工具，將表面打磨平整。

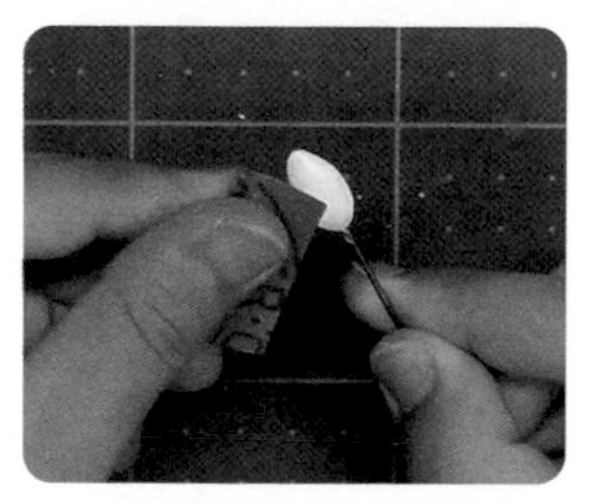

05 等到補土硬化後，用銼刀打磨到光滑的狀態。

06 全部塗上奶油色。

07 用黑色畫出種子的紋路。

08 塗裝完畢後，抽出鐵絲。

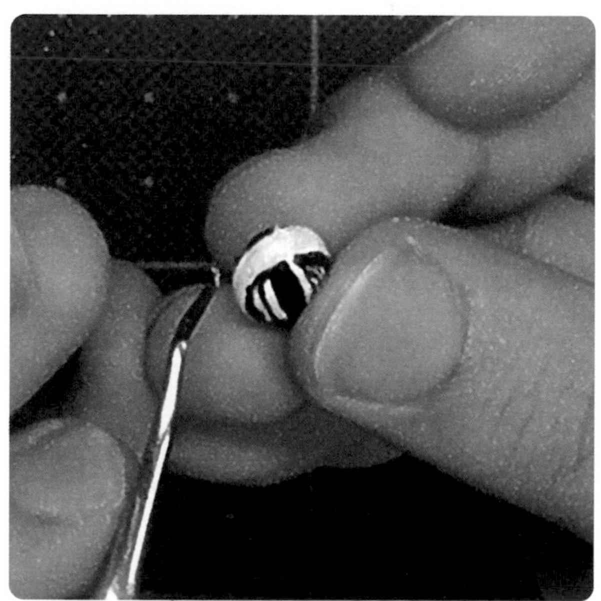

09 抽出鐵絲後的空洞，用AB補土填起來，完成。

貓咪海豹的模型製作過程！

Modeling a cat-seal!!

01 做出形狀

01 用鋁箔紙製作基底。三個大小都相同。

02 用日本大創販售的高延展性黏土包覆起來。

03 充分撫平表面，消除表面上的凹凸不平。

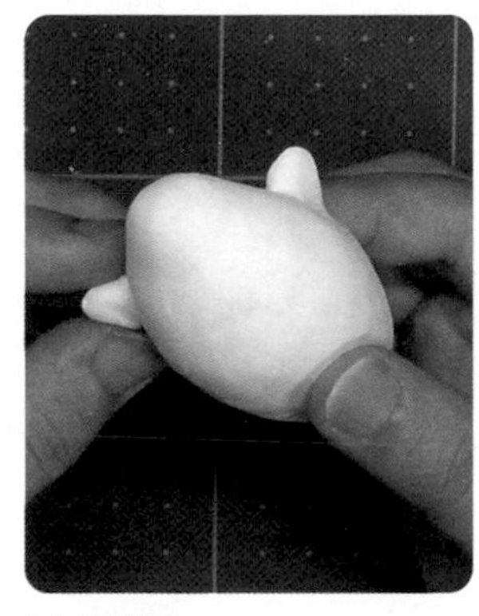

04 加上雙手。

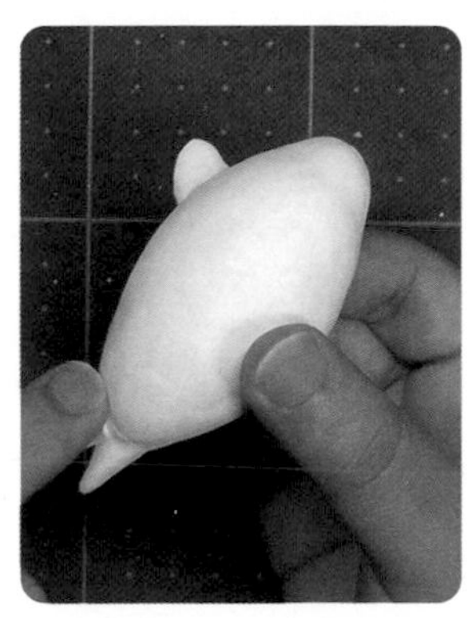

05 加上尾鰭。

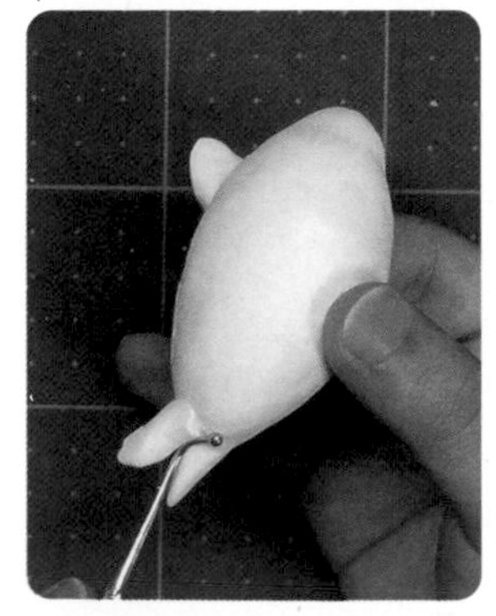

06 針對那些後來才加上去的部位，與軀幹相連的部分修整到和軀幹完美地融合在一起。

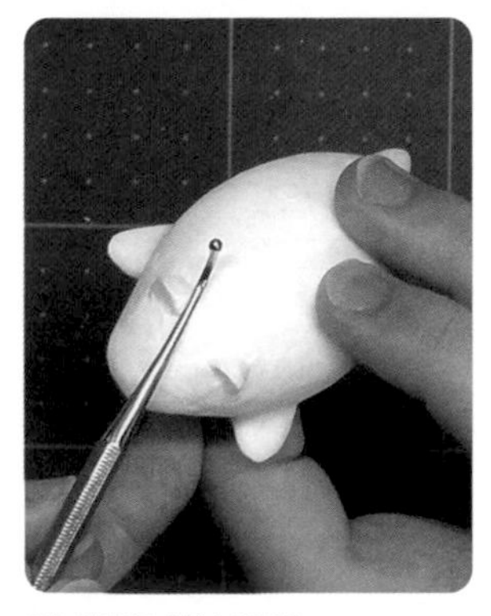

07 做出尺寸較小的耳朵。

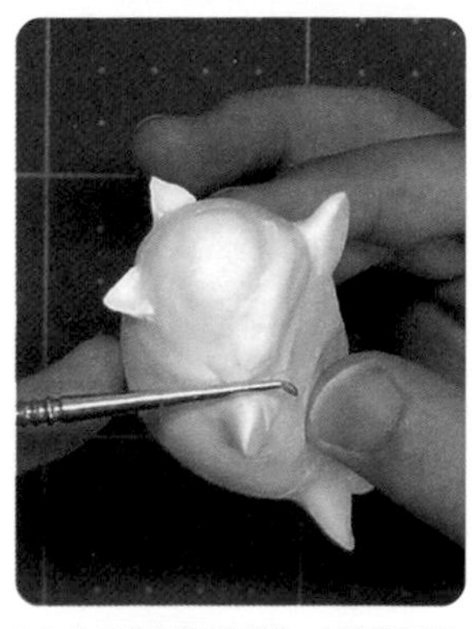

08 為了營造豐腴的感覺，在臉部下方加上一些肉。

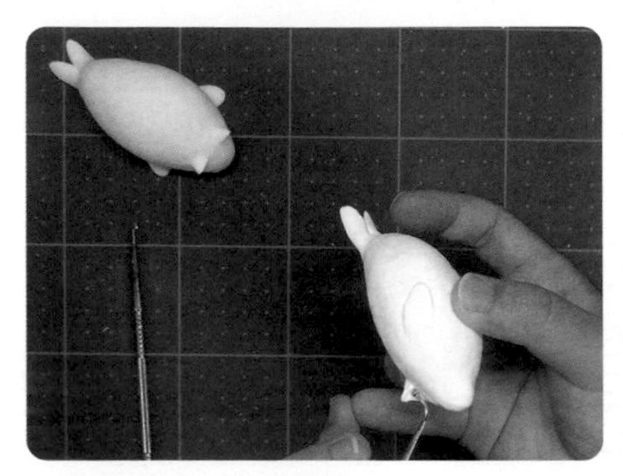

09 也替另外兩隻加上身體各個部位。

10 為了避免三隻海豹的大小和身體各部位的形狀出現落差，過程中要隨時比對三隻海豹的狀態，進行調整。

11 用AB補土疊上半邊身體，用抹刀去除指紋與不平整的地方。

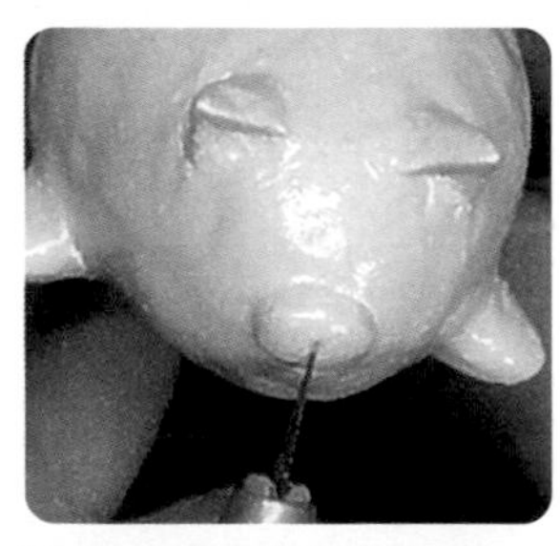

12 用雕刻刀加上嘴巴和鼻子的線條。

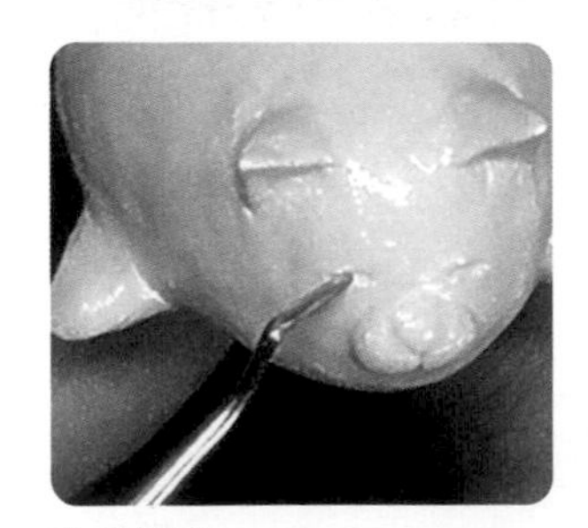

13 雕出眼睛。

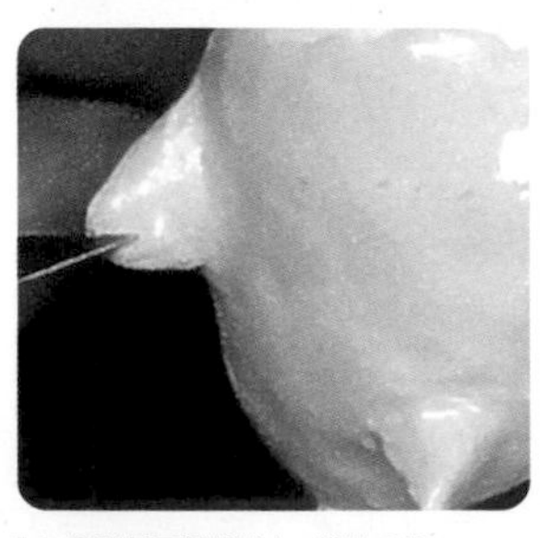

14 用雕刻刀劃開補土，製作手指。

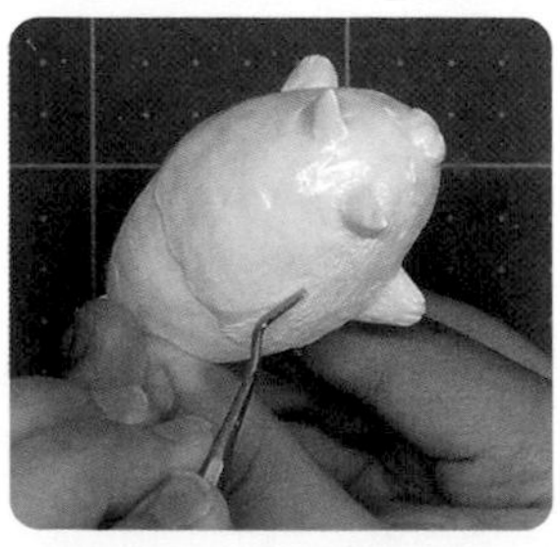

15 朝著一定的方向刻出毛束。

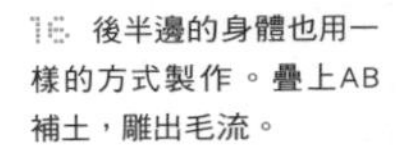

16 後半邊的身體也用一樣的方式製作。疊上AB補土，雕出毛流。

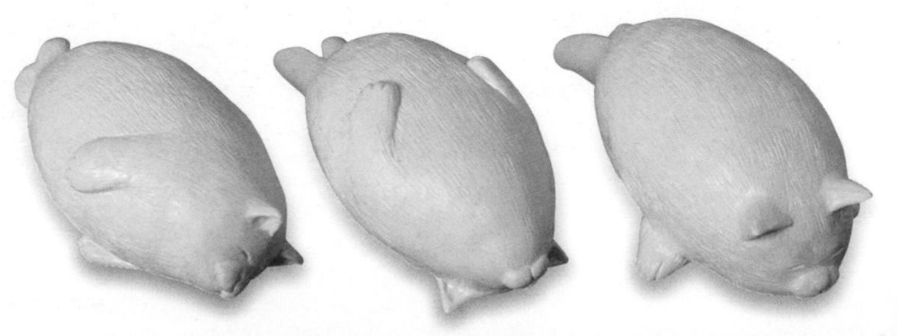

02 上色

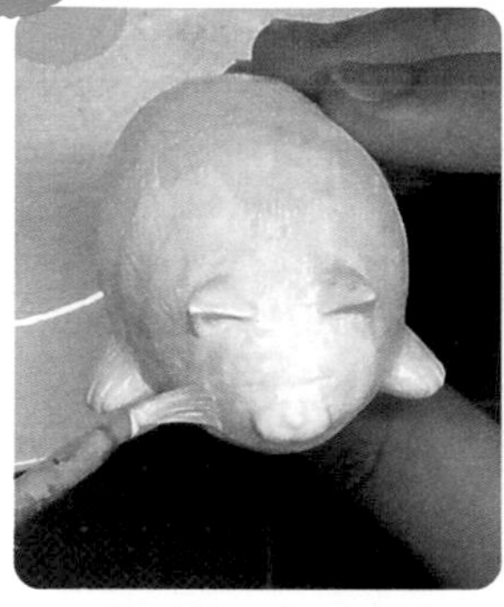

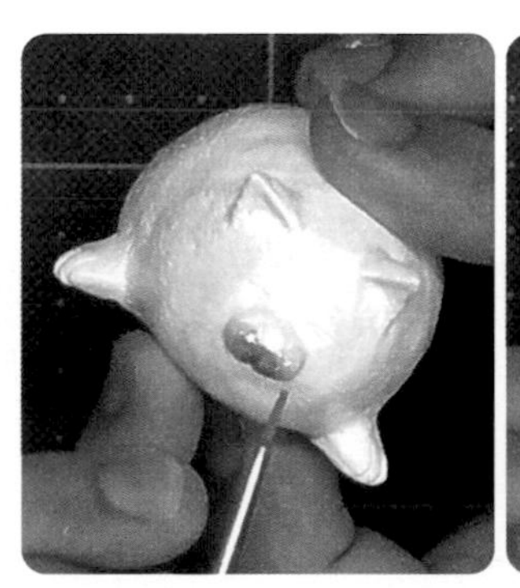

01 全部先塗上帶有些微黃色的白色。

02 為了在嘴巴四周到鼻子之間做出漸層的效果，在這些部分塗上灰色，鼻子則塗上黑色。

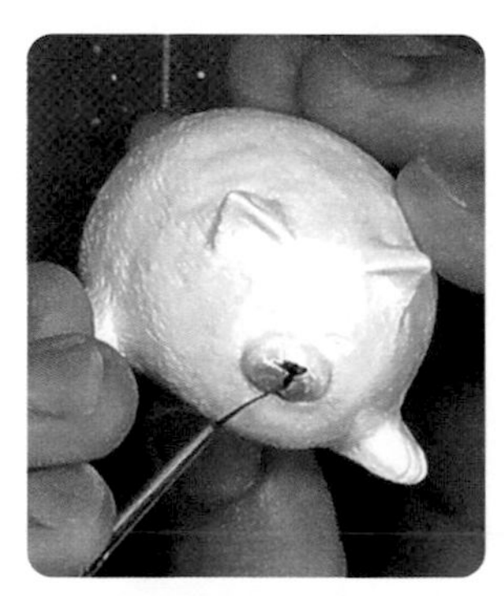

03 畫上黑線來帶出嘴部線條。

04 眼睛也塗上黑色。

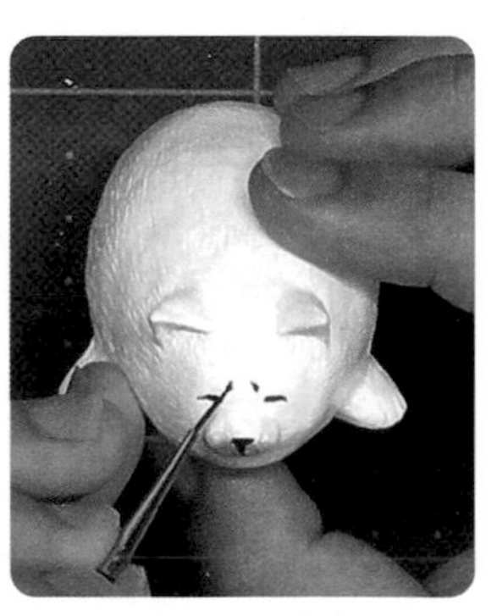

05 畫上八字眉。

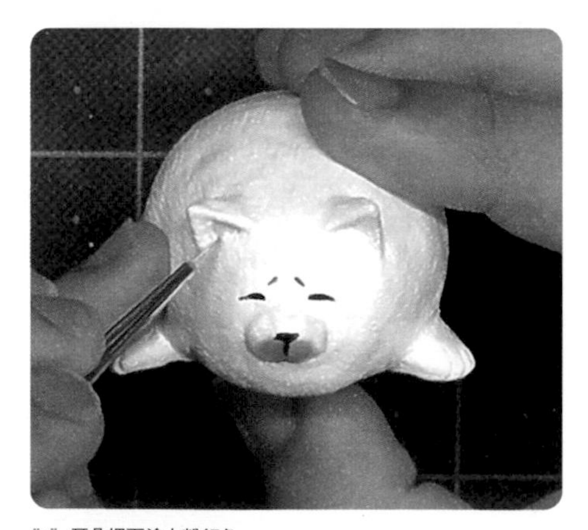

06 耳朵裡面塗上粉紅色。

07 噴上橡膠噴漆（NITTOKU PLASTI DIP液體橡膠噴漆）來呈現軟綿綿的感覺，完成。

INDEX
索引

標題
頁數／製作年分／材料／尺寸（大：8cm以上、中：5～8cm、小：5cm以下）

有三隻前腳的博美狗
p45／2019年／鐵絲、日本大創販售的高延展性黏土、AB補土／中

融化的貓熊
p46／2019年／Mr.Clay（輕量石粉黏土）、AB補土／中

渾身肌肉卻小心翼翼舉著手的貓咪
p 47／2019年／鐵絲、鋁箔紙、Mr.Clay（輕量石粉黏土）、AB補土／大

融化的貓咪
p48-49／2019年／Mr.Clay（輕量石粉黏土）、AB補土／中

倒立貓
p50／2019年／鐵絲、日本大創販售的高延展性黏土、AB補土、鋁球／中

感覺像是會出現在電玩新手教學時的狗狗
p51／2019年／鐵絲、日本大創販售的高延展性黏土、AB補土／中

貓咪怪獸：喵吉拉
p52／2019年／日本大創販售的高延展性黏土、AB補土／小

可愛的落語家
p53／2019年／日本大創販售的高延展性黏土、AB補土／中

水鳥一家人
p54／2019年／日本大創販售的高延展性黏土、AB補土／中

紙鎮
p55／2019年／鐵絲、Mr.Clay（輕量石粉黏土）、AB補土／中

貓咪騎士
p56／2019年／鐵絲、日本大創販售的高延展性黏土、AB補土、1/32 Super Cub COLLECTION多色款Ver.2（AOSHIMA）／中

肉塊妖Nuppeppo
p57／2019年／鐵絲、日本大創販售的高延展性黏土、AB補土／中

前黑社會老大
p58-59／2019年／鐵絲、Mr.Clay（輕量石粉黏土）、AB補土／中

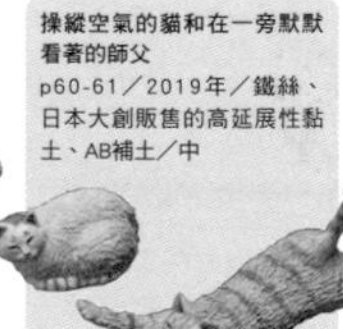

操縱空氣的貓和在一旁默默看著的師父
p60-61／2019年／鐵絲、日本大創販售的高延展性黏土、AB補土／中

邪惡組織的幹部
p62／2019年／鐵絲、Mr.Clay（輕量石粉黏土）、AB補土、盛放魚板的木板／大

充滿自豪的左投直球
p63／2019年／鐵絲、Mr.Clay（輕量石粉黏土）、AB補土／大

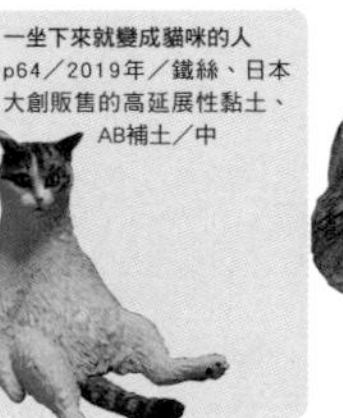

一坐下來就變成貓咪的人
p64／2019年／鐵絲、日本大創販售的高延展性黏土、AB補土／中

抱著自己的松鼠
p65／2019年／鐵絲、日本大創販售的高延展性黏土、AB補土／中

不會讓人眼紅的現充
p66-67／2019年／鐵絲、Mr.Clay（輕量石粉黏土）、AB補土／中

雞蛋貓
p68-69／2019年／鋁箔紙、Mr.Clay（輕量石粉黏土）、AB補土／中

它確實存在，你卻看不見它
p70／2019年／Mr.Clay（輕量石粉黏土）／大

忙了一整天，回到家後筋疲力盡的OL
p71／2019年／日本大創販售的高延展性黏土、AB補土／中

全身心都是貓咪
p72／2019年／鐵絲、Mr.Clay（輕量石粉黏土）、AB補土／中

火鶴
p73／2019年／鐵絲、日本大創販售的高延展性黏土、AB補土／中

貓咪按摩店
p74-76／2019年／Mr.Clay（輕量石粉黏土）、AB補土／中

喇！
進入戒備狀態！收起耳朵！
p77／2019年／鐵絲、Mr.Clay（輕量石粉黏土）、AB補土／中

拿彼此當枕頭的睡貓們
p78-81／2019年／Mr.Clay（輕量石粉黏土）、AB補土／中

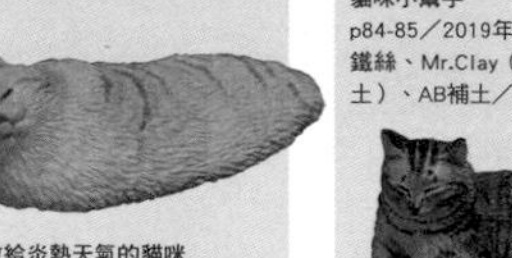

敗給炎熱天氣的貓咪
p82-83／2019年／Mr.Clay（輕量石粉黏土）、AB補土／中

貓咪小幫手
p84-85／2019年／鐵絲、Mr.Clay（輕量石粉黏土）、AB補土／中

窩在教室
陰暗角落的傢伙
p86／2019年／鐵絲、Mr.Clay（輕量石粉黏土）、AB補土／中

Polite Cat
p87／2019年／鐵絲、Mr.Clay（輕量石粉黏土）、AB補土／中

肌肉狐狸和
勢均力敵的貓咪
p88-89／2019年／鐵絲、鋁箔紙、Mr.Clay（輕量石粉黏土）、AB補土／大

鬼鬼祟祟研究
人類生活方式的
狸貓調查團
p90-91／2019年／鐵絲、Mr.Clay（輕量石粉黏土）、AB補土／中

緊緊抱住
p92-93／2019年／鐵絲、Mr.Clay（輕量石粉黏土）、AB補土／中

貓大便
p94／2019年／鐵絲、Mr.Clay（輕量石粉黏土）、AB補土／中

奇幻生物
p95／2019年／鐵絲、Mr.Clay（輕量石粉黏土）、AB補土／大

盆栽貓
p96-97／2019年／Mr.Clay（輕量石粉黏土）、AB補土、瓦楞紙／中

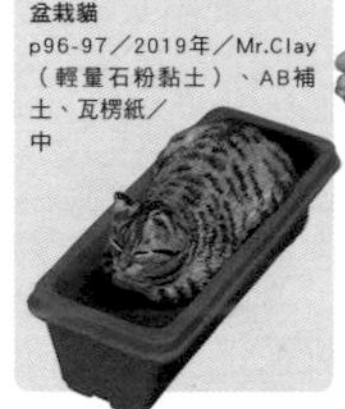

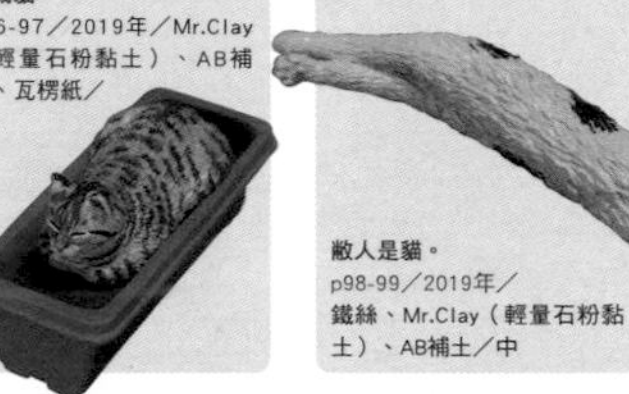

敵人是貓。
p98-99／2019年／鐵絲、Mr.Clay（輕量石粉黏土）、AB補土／中

我的推特追蹤者
家裡的貓
p100／2019年／鐵絲、熱縮片、Mr.Clay（輕量石粉黏土）、AB補土／中

爬出被窩的貓
p101／2019年／鐵絲、Mr.Clay（輕量石粉黏土）、AB補土／大

現在都是潛水狀態。
p102／2019年／Mr.Clay（輕量石粉黏土）、AB補土／中

擺出勝利姿勢
的浣熊
p103／2019年／鐵絲、Mr.Clay（輕量石粉黏土）、AB補土／中

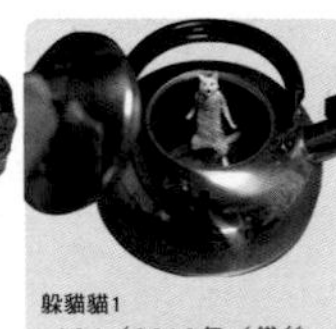

躲貓貓1
p104／2019年／鐵絲、Mr.Clay（輕量石粉黏土）、AB補土／中

躲貓貓2
p105／2019年／鐵絲、Mr.Clay（輕量石粉黏土）、AB補土／中

夾縫貓
p106-107／2019年／鐵絲、Mr.Clay（輕量石粉黏土）、AB補土／中

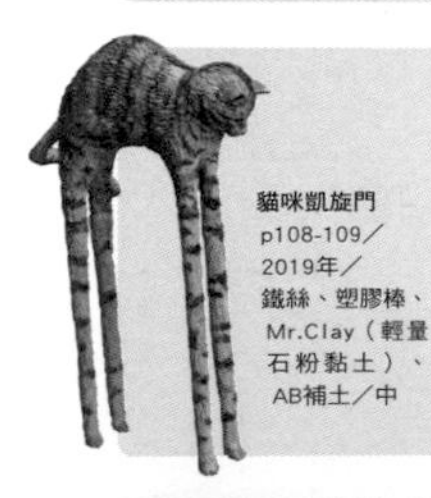

貓咪凱旋門
p108-109／2019年／鐵絲、塑膠棒、Mr.Clay（輕量石粉黏土）、AB補土／中

栽進雪裡的狐狸
p110／2019年／鐵絲、Vinidine製書白膠的蓋子、Mr.Clay（輕量石粉黏土）、AB補土／大

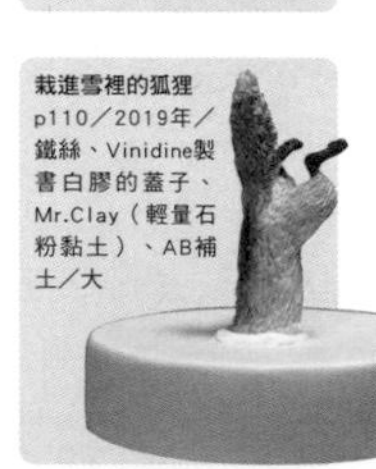

箱型貓
p111／2018年／Mr.Clay（輕量石粉黏土）、AB補土／中

黃葦鷺
p112／2018年／鐵絲、熱縮片、Mr.Clay（輕量石粉黏土）、AB補土／中

液體貓
p113／2018年／鋁箔紙、Mr.Clay（輕量石粉黏土）、AB補土／中

貓龍
p114／2018年／鐵絲、Mr.Clay（輕量石粉黏土）、AB補土／中

妖怪貓
p115／2018年／鐵絲、顏料盤、Mr.Clay（輕量石粉黏土）、AB補土／中

雄赳赳的
浣熊
p116-117／2018年／鐵絲、Mr.Clay（輕量石粉黏土）、AB補土／中

afterword
後記

感謝各位拿起這本書。

現在說或許有點太晚，其實我在本書的製作過程中，沒有太多的「要讓人們製作動物模型時用來參考」、「藉此推廣模型製作」的期待。

我是製作模型的外行人，全靠自學，甚至沒有仔細研究過動物的身體結構，製作模型完全只是為了自我滿足，幾乎沒有什麼專業的知識。

儘管本書收錄了我的製作過程，但是說真的，我反而還希望有誰來教教我（笑）。

我真正盼望的是，讀者看了本書後能感受到，我是多麼樂在其中。雖然本書無法收錄我從以前到現在製作的所有作品，但目前為止，我已經製作了兩百多個動物模型。

製作這些模型的過程中，我總是不停浮現各種點子，我會反覆嘗試各種不同的材料，精心準備拍攝用的小道具。一直以來，我都是抱著欣喜雀躍的心情製作模型，我想之後也會這樣繼續下去。

我希望，這本全心全力樂在其中的人所製作的作品集，也能將其中的樂趣傳遞給人們。

特別感謝
感謝網友們提供照片做為我參考素材；感謝本書的出版社，前後給你們添了許多麻煩；也感謝友人協助拍攝。
在此致上深深的謝意。萬分感謝各位的協助。

めーちっさい

約兩年前開始，以好玩又可愛的動物
圖片為範本製作模型。
作品發表於社群媒體，一炮而紅。

Twitter：@meetissai

手作神人的
謎樣生物原型特輯

出　　版／楓書坊文化出版社
地　　址／新北市板橋區信義路163巷3號10樓
郵政劃撥／19907596 楓書坊文化出版社
網　　址／www.maplebook.com.tw
電　　話／02-2957-6096
傳　　真／02-2957-6435
作　　者／めーちっさい
翻　　譯／邱心柔
責任編輯／王瀅晴
港澳經銷／泛華發行代理有限公司
定　　價／350元
出版日期／2022年3月

國家圖書館出版品預行編目資料

手作神人的謎樣生物原型特輯 / めーちっさい作；邱心柔譯. -- 初版. -- 新北市：楓書坊文化出版社, 2022.03　面；　公分

ISBN 978-986-377-756-4（平裝）

1. 玩具 2. 模型

479.8　　110022558

The Art of meetissai
© 2020 meetissai
© 2020 GENKOSHA Co., Ltd.
Originally published in Japan by GENKOSHA CO., LTD.,
Chinese (in traditional character only) translation rights arranged
with GENKOSHA CO., LTD., through CREEK & RIVER Co., Ltd.

Original Japanese Edition Staff
Photographs: Meetissai, Yuta Asaga
Art direction and design: Mitsugu Mizobata(ikaruga.)
Proof reading: Yuko Sasaki
Editing: Atelier Kochi, Maya Iwakawa, Miu Matsukawa
Planning and editing: Sahoko Hyakutake(GENKOSHA CO., Ltd.)